MANUAL DEL PILOTO DE DRON

Señor Hornero

CONTENTS

Title Page
Introducción
Consejos prácticos para volar seguro — 1
5 lecciones clave aprendidas en 5 años como piloto certificado por ANAC (CE-VANT 8) — 7
Cómo mantenerse saludable al vivir la vida de los drones — 11
Consejos y trucos para calibrar correctamente su IMU y garantizar un vuelo seguro — 15
La Brújula: Cómo abordar la interferencia magnética de drones y evitar un accidente — 17
Cómo practicar el vuelo de precisión (sin romper tu dron) — 19
Drones en invierno: mejores prácticas para clima frío — 21
Nuevas Tecnologías: ¿Deberían usar drones para la inspección y mantenimiento de molinos de viento? — 25
Los mejores drones para volar en el viento — 28
Drones sobre calles y tráfico en movimiento — 31
Lo que necesitas saber antes de volar tu dron desde un vehículo en movimiento — 33
Duración de la batería del dron: cómo aprovechar al máximo la batería de dron LiPo — 36
Conocé bien el dron DJI: una guía para el comprador — 40
Algunos consejos para comprar un dron usado. — 44
10 herramientas esenciales para pilotos comerciales de drones — 47
Cómo los drones están ayudando a lograr una mayor sustentabilidad. — 51

Cómo usar drones para inspecciones de líneas eléctricas	54
Cómo la tecnología de drones puede ayudar a garantizar una mejor seguridad y vigilancia	57
Integración de drones en investigaciones de accidentes de ferrocarril, carretera y aeronaves.	59
Las mejores cámaras de imagen térmica para drones	63
Cómo seleccionar la aplicación de mapeo adecuada para tu servicio de drones.	64
5 mejores prácticas para tratar con pilotos sin licencia	67
Cómo hacer un impresionante demo-reel de demostración de drones	70
Cómo registrar y realizar un seguimiento de tus vuelos con drones	75
Soluciones de flujo de trabajo de procesos y almacenamiento de archivos para pilotos de drones a fin	77
Almacenamiento de datos de drones	PC, discos duros, tarjetas gráficas y más ...	80
¿Las tarjetas SD se pueden corromper? ¿Cómo evito esto?	83
Epílogo	85
Referencias	87

INTRODUCCIÓN

Este libro es un proyecto de Señor Hornero (CE-VANT 8) El servicio de drones más seguro de Latinoamérica, un servicio profesional, seguro y legal.

Creo firmemente que hay una cultura del silencio en cuanto a los que vuelan drones sin papeles en regla y sin respetar la autoridad aérea, esta cultura del silencio puede combatirse a través de la concientización, el debate y la reflexión, este libro busca esclarecer muchas dudas y crear una comunidad basada en el profesionalismo, la seguridad y la legalidad, para poder construir un espacio aéreo en el que todos salgamos ganando del aprendizaje y el respeto mutuo.

A través del libro trataré distintos temas con un orden en particular. Creo que esto es una guía básica de lo que todo piloto necesita para empezar en el mundo de los drones y si es lo suficientemente curioso, completar sus espacios de disquisiciones con búsquedas personales o incluso dirigiéndose al podcast *"Hornero Podcast"* donde se habla de diversos temas prácticos, con absoluta sinceridad todas las semanas.

"En algún momento, todos debemos elegir, entre lo que el mundo quiere que seas…y quién eres"

CONSEJOS PRÁCTICOS PARA VOLAR SEGURO

<u>Consejo # 1 - Controle el voltaje de la batería de su dron</u>

¿Estás buscando el indicador correcto para tu batería? Uno de los mayores problemas que veo con los pilotos de drones todo el tiempo es que no dan la debida relevancia al tiempo de vuelo les queda. Además, no tienen en cuenta los factores ambientales cuando se trata de averiguar cuál es el tiempo de vuelo remanente real.

Dicho esto, hay un verdadero indicador que permitirá tener una comprensión muy, muy firme de exactamente cuánta batería le queda a su dron, y no es el porcentaje de batería. El porcentaje de batería no da una representación precisa de cuánta energía de batería queda para permanecer en vuelo.

El VOLTAJE DE LA BATERÍA es el verdadero indicador [1] de lo que es posible con el dron. Muchos de los drones muestran el voltaje de la batería, y generalmente los drones de consumo muestran el voltaje de la batería por celda individual. Dado que la mayoría de éstas son de iones de litio, polímero de litio y Li-HI y funcionan en un cierto rango de voltaje, es muy fácil entender cuándo es un momento seguro para volver a casa. Ya sea a 20 grados o 100 grados afuera, su vuelo estará limitado si hace demasiado frío o calor. Entonces, ¿cómo sabrá si el porcentaje de su batería le indica con precisión cuánto tiempo de vuelo le queda?

Por el voltaje de batería; por esto le transmito a todo el equipo de **Señor Hornero** sobre la importancia de chequear el voltaje de la batería y cómo visualizarlo en la pantalla principal. En DJI, simplemente se hace clic en el porcentaje de batería, desplazándose hasta la parte inferior de ese menú y se activa *"Mostrar voltaje en la pantalla principal"*. Cuando el voltaje es de 3.60 voltios, sabes que es hora de volar a casa. Aunque los 3.60

voltios, garantizarían suficiente tiempo de vuelo, sin importar la temperatura para volar al menos entre 450 a 600 metros de *"pista para llegar a casa"*; recomiendo obrar con extrema seguridad, porque relajarse y confiar sin reparos en la función inteligente de *regreso al hogar* y en todas las demás configuraciones de batería, han generado incidentes con los aparatos y las personas. Este indicador de reserva, me ha permitido evitar esos costosos accidentes en los vuelos.

EJEMPLO #1: En vuelo nocturno se hace imposible que los sensores ópticos detecten correctamente obstáculos, por lo que, en un retorno inteligente, por falta de batería, con varios edificios o arboles en el camino, el dron no los detectará y tendrás un choque asegurado

EJEMPLO #2: En un vuelo diurno, donde si bien podemos confiar un poco más en los señores ópticos, debemos tener en cuenta que muchas veces los edificios de vidrios tienden a confundir el equipo y hacerlo continuar en línea recta por reflejar el horizonte de la trayectoria trasera del equipo. Por lo que el dron sigue derecho hacia la estructura, directo hacia una colisión con la misma.

Consejo # 2 - Observe las TRES Reglas para el despegue seguro de drones

Este consejo práctico se trata de protegerse a uno mismo y proteger al dron al despegar. Esta ponencia está respaldada por horas de minuciosa investigación teórica y experiencia en el mundo real, y no encontrarás algo que reuna ambos en YouTube. Si esperas aprender cómo ser un piloto profesional desde YouTube, te faltarán datos validados y tal vez sólo veas una puesta en escena.

Dicho esto, repasemos las dos primeras reglas de despegue y revelaré la tercera porque es una de las más importantes y uno de los secretos de Señor Hornero.

<u>Regla número 1</u>: Siempre, despega hacia el viento.

¿Por qué debería despegar siempre en la misma dirección del viento? en primera instancia, porque va a aumentar el empuje. Y número dos, te ayudará a hacerlo rápidamente y disminuir la propensión al error durante el despegue.

<u>Regla número 2:</u> el dron y el piloto SIEMPRE deben tener la misma orientación.
Los ojos del piloto y la cámara del dron, tienen que mirar al mismo punto cardinal

¿Por qué es esto importante?

Te cuento una pequeña historia. Una vez estaba filmando una pequeña producción del INCAA en Avellaneda con un productor que todavía es uno de mis buenos amigos. Él había colocado su dron sobre una caja de DJI Phantom 4; y lo posicionó frente a él en lugar de orientarlo con la cámara mirando la misma dirección que el operador.

Le hablé y le dije: *"Es posible que prefieras darle la vuelta al dron porque cuando lo ponés con la cámara mirándote, los palos de balanceo y cabeceo están invertidos"*.

Él dijo: *"Oh, no, estoy bien"*.

Procedió a despegar y...... golpeó la pierna a uno del equipo de **Señor Hornero**, Lautaro. ¡Un incidente evitable, lo lamenté mucho Lautaro!

Afortunadamente no fue un gran daño, mas demuestra la importancia de la segunda regla del despegue. El dron y el piloto siempre deben tener la misma orientación. Porque si aparece una ráfaga de viento y hay alguien cerca del área de despegue, podrás reaccionar rápidamente porque los controles están en la misma posición que tu visión. Si el dron tiene una orientación opuesta, no tendrás tiempo suficiente para darte cuenta de eso y terminarás cometiendo un error y estrellando el dron.

<u>Regla número 3</u>: solo para miembros de Señor Hornero

La tercera regla del despegue es, elevarlo 10 metros a la máxima potencia.

Esto está relacionado con el capitulo siguiente, donde se describen tópicos sobre baterías.

El despegue acelerado hasta dicha altura sirve para determinar si la batería del equipo se encuentra en buen estado. Si no es así, esta acción drenará la batería en un instante, lo visualizarás inmediatamente y podrás retornar el dron, aterrizarlo y reemplazar por un acumulador en buenas condiciones.

<u>Consejo # 3 - Cuidado con la interferencia magnética</u>

Cuando te encuentres en el campo, preparándote para volar en un lugar en particular, ¿cuáles son las primeras cosas a realizar? Yo instruyo al equipo de Señor Hornero a buscar factores que puedan obstruir el vuelo. ¿Qué interferencia inalámbrica potencial o interferencia magnética podría traer problemas importantes o causar efectos adversos a los drones? ¿Hay cables alrededor de las líneas eléctricas o un grupo de personas en una dirección dada?

Observar sistemáticamente todos los diferentes obstáculos en el entorno operativo, es de imprescindible realización antes del despegue.

Ahora que ya has revisado el entorno, medir AMDO.

<u>Consejo # 4 - Determine la AMDO</u>

AMDO significa altitud mínima de despeje de obstáculos. Esta es esencialmente la altitud mínima que debemos establecer en nuestro *Regreso a casa*. Con cualquier dron que estés utilizando en esta industria, tendrás que medir la AMDO, llevar el dron a casa y establecer la altitud de regreso al hogar. Esto te salvará de accidentes, lesiones, daños con tu dron.

Consejo # 5 - Prepara un plan de respuesta de emergencia

¿Cuál sería otro consejo práctico para volar? Al igual que en la aviación tripulada, se debe pasar por algún tipo de entrenamiento de respuesta a la emergencia. Este entrenamiento significa que un piloto formal y responsable se ocupará de evitar las emergencias, y si bien tendrá capacidad para mitigar un daño, su objetivo debería ser que los adversos tiendan a 0. De eso se trata el vuelo seguro.
Entonces, por ejemplo, ¿qué debes hacer para no golpear algo?

La mayoría de ustedes me diría risueñamente: " *Mark, nunca he pensado en esto*".

Un gran error.

Bueno, déjame recordarte este pequeño dicho: "*Pulgares arriba*". Así es.

Cuando por las cambiantes circunstancias meteorológicas el drone desaparece del campo visual o por una cuestión técnica no se ve en pantalla, digo *pulgares arriba*. Si valoro que algo va a suceder, elevo el comando extendiendo brazos y antebrazos, en el equipo le llamamos la maniobra *"pulgares arriba"*, esto sirve para incrementar transitoriamente la AMDO, y minimizar las ocasiones de choques durante estas adversidades. Muchas veces esto ha salvado a mi equipo; y lo asocio a la templanza y el optimismo.

Consejo # 6 - Invierte en entrenamiento de calidad con drones

Si no queres arriesgar vanamente tus ingresos futuros, las finanzas de tu familia y la chance de desarrollar una profesión cautivante, realmente creo que cada persona debe tomar al menos una clase presencial.

Se necesita aprender con alguien que sepa teoría pero con bastante experiencia práctica, que conozca de cerca lo que sucede y pueda atravesar todas las funciones involucradas en el vuelo para ver la situación real.

Además de la pericia técnica, hay toda una horda de aptitudes emocionales necesarias. [2]

Puede que sepas mucho. Pero, hay una gran diferencia entre *"Saberlo"* y *"Hacerlo"*.

Asistir a una clase de "Dominio del vuelo" te ayudará a construir HABITOS [3] y RUTINAS [4] para operaciones de drones verdaderamente seguras.

Planificar el trabajo para volar seguro, es un imperativo para posicionarse laboralmente, una exigencia de la normativa nacional e internacional, y una forma de respeto social, para que esta profesión no sea estigmatizada a raíz de las intromisiones, daños, deterioros, lesiones que han provocado drones que no se manejan según protocolo.

Actuar seguro, utilizando toda la información que es necesario saber para volar, permite hacerlo con más habilidad. Creo que esto es esencial.

5 LECCIONES CLAVE APRENDIDAS EN 5 AÑOS COMO PILOTO CERTIFICADO POR ANAC (CE-VANT 8)

Raudos han pasado estos cinco años desde que inicié **Señor Hornero;** y esta práctica permanente en diversos territorios y áreas de aplicación de los drones que he tenido la oportunidad de realizar, han permitido que acopie una serie de aprendizajes que puedo compartir para aportar mejoras en el desempeño del colectivo dronero argentino.

Las disposiciones de la ANAC,y las de otras entidades que regulan el espacio aéreo en el mundo, enmarcan las acciones de miles de pilotos que entran en el espacio aéreo; y el fervor por realizar siempre la praxis dentro de estas normas, me ha brindado una gama abigarrada de experiencias.

Aunque las cosas han sido difíciles a veces, cada desafío me dio una oportunidad de aprendizaje.

Las siguientes son lecciones clave que rescato desde que me sumergí de cabeza en el ámbito de las operaciones comerciales de VANT [5].

<u>Las relaciones son clave para encontrar el éxito como piloto certificado.</u>

Este punto no puede ser subestimado. Tu carrera como piloto certificado solo irá tan lejos como tu capacidad para conectarte con las personas te lo permita.

La mayoría de las oportunidades que he tenido para volar en lugares fascinantes han sido posibles gracias a la ayuda de alguien. Desde una solicitud especial a través de un contacto local o un piloto que me dio una pista o traspasó su trabajo: atesorar cada relación es crucial.

Domina un nicho

En lugar de tratar de hacer muchas cosas a un nivel básico de competencia, vale la pena convertirse en un experto en una. El dicho "Jorge de todos los oficios, maestro de ninguno", es especialmente relevante en la profesión de los VANT. Hay tantas formas posibles en que los drones pueden usarse con fines comerciales, que es tentador tratar de abarcarlas todas.

En cambio, concentrarse en un área y ser específico en el alcance de los servicios a brindar, genera una pericia que no puede igualar el "todólogo".

Es más fructífero ser conocido como experto en un campo y ocasionalmente salirse de los límites del nicho para una solicitud especial que tratar de realizar todo lo que se te presente.

Vuela seguro

Aunque las sanciones actuales de efectiva aplicación son pocas y te puedan parecer distantes, es importante volar con seguridad y estar en la vanguardia. Internalizar una serie de planes de contingencia para tus situaciones habituales de vuelo y generar tus *check list* que permitan controlar así como documentar los recaudos que se contemplan en cada jornada de tu trabajo con el dron.

He compilado más data que amplía estas recomendaciones en *"Hornero Podcast"*; sobre todo si te interesa más el audiolibro que lo escrito. Estas precauciones prácticas, pero a menudo menospreciadas, pueden marcar la diferencia para proteger su inversión.

Señor Hornero es un defensor de la seguridad, sin dudas dedicarle tiempo a la organización protocolizada de chequeos de los elementos, insumos y funciones; te pondrá en otro nivel. Mi compromiso empresarial es proveer para cada trabajo, todos los recursos necesarios para una jornada controlada y segura, adoptar esta línea de acción te permitirá convertirte en un líder con el ejemplo.

Mejora cada día

Sin un esfuerzo por mejorar, otros profesionales hambrientos, en la *comunidad dronera* te sacarán una ostensible ventaja. Mantenerse alerta, aprender constantemente y no sentirse demasiado orgulloso, admitir la necesidad de más capacitación en un área en particular, te llevará a un nivel creciente de actividad de calidad.

Lo más importante, ¡vuela!

El aprendizaje experiencial, esto es aprender haciendo, tiene en el feedback (devolución) una buena estrategia de evaluación formativa: no tengas miedo de sacar tu dron de bolsillo y volar a través de obstáculos en casa. Si podés controlar un dron pequeño, los modelos comerciales más grandes no parecerán tan difíciles de maniobrar.

En el aspecto comercial, buscar clientes y trabajar para aumentar tu valor para con ellos, es una tarea continua. Incorporar habilidades técnicas como el procesamiento de mapas, te permitirá combinar este nuevo *know how* con las habilidades de pilotaje y así crear una nueva base de clientes y de presentaciones del trabajo final.

Ser un pro

Otra conclusión clave de cinco años como operador comercial con el CE-VANT 8 es ser un profesional en todos los aspectos. Lucir siempre como un hombre de negocios o una empresaria confiable, y en el campo, ser respetuoso con el tiempo de todos.

Presentarse a tiempo y tratar al público como un embajador de todos los pilotos de la ANAC [6] o de otras entidades aeronáuticas, incluso la situación laboral no sea la más organizada o aparezcan individuos groseros. Hubo muchas veces en las que la gente se me acercaba, mientras volaba, con poco tacto y una actitud agresiva, y he podido diluir la situación simplemente mostrando cortesía y respeto básicos.

Como operador comercial en una industria relativamente nueva, algunas personas expresarán aprehensión, temores e incertidumbre en torno a lo que todos hacemos. Depende de todos nosotros ser quienes cambiemos sus percepciones con amabilidad y con información clara.

CÓMO MANTENERSE SALUDABLE AL VIVIR LA VIDA DE LOS DRONES

Vivir la vida del dron conlleva un conjunto único de oportunidades y desafíos. Algunas ventajas: ser tu propio jefe y hacer lo que más te gusta hacer (comentado en Hornero Podcast). Pero también hay algunos desafíos con los que debes lidiar; uno de ellos es, cómo mantenerse saludable.

En este capitulo sugiero algunos tips, a menudo pasados por alto, para mantenerte a vos y a tu negocio de drones saludables.

Come bien

Si sos como yo y te encanta la comida, podrías terminar sólo con comida chatarra y postres mientras estás en movimiento; pero hacerlo de manera continua es una receta segura para enfermarse. El cuerpo y el dron son una unidad de trabajo. Esta unidad es más importante incluso que en otros trabajos.

La buena salud del piloto influye directamente en la capacidad de producción individual; y un deterioro en la salud daña el bienestar propio y familiar, esta situación adquiere mayor relevancia en el caso de los trabajadores independientes, y más aún si el trabajo incluye desplazamientos, permanencia al aire libre, climas diversos, nocturnidad, jornadas de horarios cambiantes y a veces contra el ritmo circadiano.

Si bien no podemos decir que se trate de un trabajo en condiciones extremas, sí puedo afirmar que se requiere un buen estado osteomuscular y resistencia a la amplitud térmica; sustentado por un equilibrio calórico y proteico, y entrenamiento físico.

Para afrontar las jornadas de trabajo no te favorece permanecer hambriento por mucho tiempo. Tener a mano viandas pequeñas, asegura que tu metabolismo se mantenga alto y que puedas proseguir una jornada que se extiende más de lo planeado, o que teniendo la duración pautada presenta contingencias climáticas que alteran el biorritmo (nocturnidad, frío)

Cuando no planeás las ingestas, y permanecés famélico un periodo prolongado, vas a comer en exceso cuando tengas la oportunidad de hacerlo y eso te conduce a aumentar de peso. El sobrepeso nunca va a ser gratuito para el piloto: influye en la capacidad para trabajar en lugares escarpados, disminuye la agilidad para ingresar hacia puntos de salida estrechos cuando se parte desde un edificio (por ejemplo, algún balcón o ventana pequeña de un palacio gótico, una catedral, o la casa Rosada) Recomiendo encarecidamente llevar botellas reciclables con agua, aguas saborizadas naturales (como limonada con menta o jengibre), frutas y nueces. Durante una jornada de 8 horas deberías beber al menos 750 ml de agua o alguna infusión, la deshidratación genera mareos y cansancio. Si la temperatura supera los 27º C, el requerimiento de agua se incrementa al doble, por las pérdidas insensibles.

La vianda requiere mucha planificación pero es necesario para cuidar bien tu cuerpo y tu negocio de drones.

Reducí tu ingesta de azúcar

El azúcar refinado es extremadamente dañino para tu cuerpo. Una alta ingesta de azúcares se transforma en grasas y esto es un factor de riesgo para presión arterial; daño en las arterias, todo lo cual conduce a enfermedades del corazón.

El azúcar refinado es extremadamente adictivo, tanto lo que se agrega al café como las gaseosas, las tortas y las golosinas.

Recientemente, leí sobre un estudio [7] que intentó determinar qué tan adictivo es realmente el azúcar, y los resultados fueron impactantes. En este estudio, los científicos dieron a los ratones de laboratorio la opción de beber agua con infusión de cocaína o agua con azúcar. ¿Y adivina qué? ¡Los ratones tenían más probabilidades de beber agua con infusión de azúcar! [8]

Entonces, ¿cómo podes reducir tu consumo de azúcar? Para empezar, comenzar a llevar comida y bocadillos saludables en

lugar de elegir comida rápida.
Otra cosa que debes reducir es el consumo de gaseosas. Una lata de 330 ml de gaseosa contiene 35 g de azúcar. ¡Esto equivale a 7 cucharaditas de azúcar o 150 calorías! Además, tomar estos refrescos no genera saciedad, conduce al aumento de peso; y la hidratación no es la adecuada porque el organismo no logra aprovechar el líquido de estas bebidas. No puede reemplazarse el agua por bebidas cola o jugos industrializados, el cerebro no funcionará de la manera que necesitás para tu tarea.
Si estás muy acostumbrado a tomar café con azúcar, te recomiendo empezar a reemplazar el azúcar común por otras variedades de endulzantes con menos sacarosa, e ir adiestrando el paladar para disfrutar el sabor natural de las infusiones. Obtener café de alta calidad te ayudará a hacer este cambio.

Mantenete hidratado

Como piloto que maneja su negocio de drones, vas a volar en días calurosos. Cuando hace calor, se transpira y se pierde más agua corporal. Tu cuerpo depende del agua para sobrevivir [9]. Y estar deshidratado afectará seriamente su capacidad de trabajar productivamente.
La hidratación durante la temporada estival tendrá que ser con bebidas que contengan minerales, porque el sudor nos hace perder agua y sales. La rehidratación tiene que ser con soluciones isotónicas, y no sólo con agua que es hipotónica.
Entonces, ¿cómo sabes que estás deshidratado? El primer signo de deshidratación es la boca seca. Pero no deberías llegar a este signo, porque la deshidratación ya está en marcha. Tenes que beber de manera planificada, sobre todo al aire libre y con climas cálidos, porque a los 400 ml de pérdida por respiración, se sumará la evaporación por piel que eleva de 500 ml a más de 1500ml en transpiración en una jornada de verano.
Otro signo de deshidratación son los calambres musculares. La pérdida de agua hace que nuestros músculos se cansen más fácilmente. A medida que avanza el proceso de deshidratación,

aparecen mareos y cefalea. Además de deletéreo para tu salud, este proceso afectará claramente la calidad de tu trabajo del día.

En alabanza del ocio

Alguien que intenta establecer un servicio de drones tiene que ocuparse de las múltiples facetas de un negocio. Cuando no esté volando, buscará clientes o trabajará para construir una presencia en las redes sociales. Con tanto que hacer, existe una fuerte tendencia a seguir trabajando … y nunca tomarse un tiempo libre.

Incluso si amas lo que haces, tarde o temprano te agotarás. Una descarga de adrenalina solo puede mantenerte activo por un tiempo. Tarde o temprano agotarás las glándulas suprarrenales y te sentirás cansado y sin brillo. Procurarte el tiempo para leer un libro, trotar, caminar, practicar un deporte, hacer yoga o meditar, lo que sea que te atraiga y que ese tiempo sea sacrosanto. Si necesito tomar una decisión difícil, a menudo lo hago después de unas horas de entrenamiento en el Gimnasio, mi mente se va liberando de los ruidos del exterior, me puedo concentrar en mis necesidades y deseos, y me ayuda a ver a través de toda la bruma.

CONSEJOS Y TRUCOS PARA CALIBRAR CORRECTAMENTE SU IMU Y GARANTIZAR UN VUELO SEGURO

Entendiendo la IMU (Unidad de Medición Inercial)

Es importante calibrar la IMU, si no lo estuviera correctamente, el dron se puede estrellar. La unidad de medición inercial dimensiona los cambios de inclinación, balanceo y guiñada mediante giroscopios, un dispositivo que mide la velocidad angular. Actualmente, los drones tienen una estabilización giroscópica de tres y seis ejes que transmite constantemente información de navegación al ESC. El ESC (Electronic speed control, Control electrónico de velocidad) determina el empuje y la velocidad del equipo.

Un giroscopio de seis ejes es una combinación de giroscopio y acelerómetro para detectar la inclinación y el movimiento. La línea *Inspire* tiene un giroscopio de seis ejes.

¿Cuándo debes calibrar la IMU?

Saber cómo calibrar la IMU es mandatorio. Si tu dron no vuela correctamente o el metraje de dron no está a la altura, podría ser el momento de realizar una calibración de IMU. Esta calibración es una parte relevante del sistema de verificación previa al vuelo. La recomendación es calibrar cada vez que compres un dron o después de una actualización de firmware.

¿Cuáles son algunos de los signos que indican que la calibración de una IMU se ha retrasado? Una primera señal es cuando ves el dron realizar un giro sobre su propio eje sin que se lo comandes: tu dron comienza a tambalearse en un movimiento circular con el brazo interior inclinado hacia abajo. La segunda señal es cuando ves una línea de horizonte a la deriva, y esto puede ser un gran dolor de cabeza durante la postproducción. Idealmente, se desea un horizonte sin ángulo.

¿Podés calibrar tu IMU en interiores?

Otra pregunta que a menudo hacen los pilotos de drones es si la calibración se puede hacer en el interior. Esto depende si el entorno está libre de interferencias, como una cabaña de madera, y sí podrias realizar la calibración en el interior. Sin embargo, si estás volando dentro de una estructura de concreto, las barras de acero causarán interferencias, haciendo imposible la calibración. Permitido: calibrar su IMU al menos a 15 metros de distancia de cualquier acero.

Además de la interferencia estructural, también existe la interferencia de dispositivos electrónicos, como teléfono celular y reloj smart.

Explicale al cliente sobre los beneficios de IMU.

A pesar de las muchas ventajas de calibrar la IMU, este paso importante del proceso a menudo es ignorado por los muchos pilotos de drones. Si sos sistemático en este chequeo y mostrás al cliente las diferencias de imagen, señalando los cambios cualitativos, seguramente convencerás a un cliente consciente de la calidad para que te contrate.

Recuerda:

No calibrar IMU cerca de objetos metálicos ni electrónicos: generan interferencias.
No realizar la calibración de la IMU entre edificios.
Explicar las diferencias cualitativas a los clientes.
Calibrar la IMU a una temperatura más fría para ahorrar tiempo.
Calibrar la IMU en una superficie nivelada.

LA BRÚJULA: CÓMO ABORDAR LA INTERFERENCIA MAGNÉTICA DE DRONES Y EVITAR UN ACCIDENTE

¿Estás calibrando la brújula en un área libre de interferencias magnéticas de drones?

Cuando calibras tu brújula, tenés en cuenta toda la interferencia magnética del dron circundante. Entonces, cuando calibras en un área sin tomar en cuenta la interferencia magnética, esto conducirá a datos incorrectos de la brújula. La recomendación es calibrar brújula a 16 km de distancia, en un área no desarrollada como un campo abierto.

Consejo profesional: si estás calibrando tu brújula en una superficie de concreto, pensá que puede haber barras de refuerzo de acero incrustadas en el concreto que podrían generar datos de calibración deficientes.

Nunca vueles en modo GPS entre edificios altos

Puerto Madero es conocido por la mala calidad de la señal. Los edificios altos con toneladas de acero y líneas eléctricas subterráneas, esto significa una alta probabilidad de perder señal cuando estás volando en modo GPS. La señal GPS rebotará en los edificios altos y terminará obteniendo un margen de error. El dron tiene una alta probabilidad de volar en este *margen de error* ... que normalmente es el edificio en sí.

Determinar AMDO para establecer la altitud correcta de RTH

AMDO es la altitud mínima de despeje de obstáculos. AMDO implica identificar la estructura más alta en la vecindad. Además de los edificios, tené cuidado con los equipos de construcción como grúas-torre. Una vez que determinás AMDO, configurar tu *Regreso a la altitud de inicio* (RTH) por encima de AMDO. Esto asegurará que no estrelles tu dron mientras vuelas de regreso.

Utilizar "*Ver y evitar*" para evadir obstáculos

Esta es otra forma de prevenir un posible accidente de drones. Los sistemas de visión delantera y trasera del dron permiten "*ver y evitar*". Habilitar "Ver y evitar" en el modo Regreso al inicio hará que tu dron se desplace cuando vea un obstáculo.

Sin embargo, esta no es una solución infalible. Tu dron a veces no puede "*ver*" superficies brillantes como el metal o, en este caso, ventanas de vidrio.

Usá protectores de apoyo en áreas con interferencia magnética de drones pesados.

Usar protectores de hélices es otro truco que puede ayudarte a evitar choques cuando estás volando en un área con fuertes interferencias magnéticas de drones. En caso de un ligero golpe, tus protectores de hélices pueden ayudarte a proteger tu dron. Son útiles cuando vuelas en áreas difíciles como Puerto Madero o el centro de Buenos Aires con fuertes interferencias. Sin embargo, el uso de protectores de apoyo dará como resultado un coeficiente de arrastre mucho mayor.
Te recomiendo practicar con protectores de hélices antes de usarlos en un trabajo.

<u>Consejo profesional</u>: el sistema de prevención de obstáculos en la *línea Phantom* se desactiva cuando usas guardas de apoyo.

CÓMO PRACTICAR EL VUELO DE PRECISIÓN (SIN ROMPER TU DRON)

Obtené algunos obstáculos

Los *obstáculos de carrera* son la mejor herramienta que podes usar para practicar el vuelo de precisión. Son extremadamente útiles. Son obstáculos prefabricados diseñados para ayudar a practicar vuelos sin romper o dañar tu dron. A diferencia de una ventana o las puertas de tu casa, los obstáculos de práctica se caerán cuando las golpees. Por esta razón, nunca tendrás que preocuparte por un daño total, se avería una hélice o dos, pero el cuerpo de tu dron estará bien.

Practicá con un dron menos caro

Si acabas de comprar un Mavic o un Phantom, probablemente no quieras practicar el vuelo de precisión con eso. Obviamente, romper uno de esos drones va a hacer mella en tu bolsillo. En cambio, practica con tu antiguo dron o compra uno más barato para entrenamiento. Una vez que puedas dominar el vuelo de precisión con un dron menos costoso, te sentirás mucho más seguro de volar con uno de alta gama.

Si no podés permitirte perder el dron y no estas seguro de tus habilidades, esperá y entrená hasta que te sientas más listo.

Autoconfianza

Como con cualquier actividad en la vida, los obstáculos mentales son las cosas más importantes en el camino de los logros. Particularmente cuando se trata de volar con aviones no tripulados de precisión, debes generar confianza para hacerlo correctamente. Por esta razón, desarrollar habilidades fundamentales es especialmente necesario. El vuelo de precisión es mucho más fácil cuando confías en tus habilidades.

En última instancia, ayuda que no te enfoques en pensamientos negativos, en lo que podría suceder. No te molestes en preguntarte, *"¿Y si....?"*. Tómate tu tiempo, entrenate, sentite confiado y trabajá

DRONES EN INVIERNO: MEJORES PRÁCTICAS PARA CLIMA FRÍO

Con la llegada gradual del invierno y la disminución de las temperaturas en todo el país, la mayoría de los pilotos pueden tener pausas en sus actividades, porque las condiciones climáticas adversas para el vuelo son las habituales de la estación. Claro, podrías tomar algunas fotos geniales si tenés la oportunidad de estar volando en la nieve. Pero, volar en el frío está lleno de riesgos, y hay premisas estrictas sobre *qué hacer* y *qué no hacer* que debes observar. O terminarás perdiendo tu dron.

<u>Reglas generales aeronáuticas para volar en climas fríos Drones para clima frío (DJI Inspire y DJI Mavic Enterprise)</u>

<u>Accesorios para volar un dron en climas fríos</u>

¿Las reglas aeronáuticas permiten volar en el frío?

Las reglas aeronáuticas no prohíben volar en climas fríos. Pero como piloto de drones que vuela en invierno, debes asegurarte cumplir los siguientes requisitos:

- La visibilidad mínima, como se observa desde la ubicación, no puede ser inferior a 4 kilómetros terrestres.
- La distancia mínima de las nubes debe ser no menos de 150 metros debajo de una nube y no menos de 600 metros horizontalmente hacia la nube.
- En climas fríos, y particularmente cuando está nevando, los pilotos de drones experimentarán una visibilidad reducida. Además, a medida que bajan las temperaturas, se formarán nubes a menor altura. Por lo tanto, no desdeñes los dos puntos anteriores.

<u>¿Mi dron es capaz de volar en climas fríos?</u>

Gran pregunta: podrás volar, pero... con rendimiento de vuelo reducido.

En primer lugar, la formación de hielo en tus accesorios siempre es un problema. Para hacer una comparción, si tuviste oportunidad de abordar un vuelo en una ciudad como Ushuaia o Salt Lake City, habrás visto la tripulación de tierra rociando líquido de deshielo en las alas y la cola de un avión. La formación de hielo altera la forma del ala y la cola, que están cuidadosamente diseñadas para una elevación óptima y un vuelo suave. Este principio de ingeniería es el mismo para los accesorios de drones. Cualquier formación de hielo en los accesorios dará como resultado una elevación reducida. De hecho ya a 4ºC, hay una alta probabilidad de que tus accesorios se vuelvan frágiles y se rompan.

Otro inconveniente es el rendimiento reducido de la batería y el tiempo de vuelo. En condiciones extremadamente frías, la reacción química a través de la cual la batería de tu dron genera carga se ralentiza enormemente. El voltaje de la batería es propenso a una fuerte caída, así que es recomendable no aumentar la elevación cuando estés volando durante un día gélido.

DJI recomienda una temperatura mínima de la batería de 25 grados Celsius.

A menos que esté volando un Inspire (que viene con baterías autocalentables), debe asegurarse de que las baterías de su dron se mantengan lo suficientemente calientes. Encender el descongelador en su automóvil es una buena manera de hacerlo. También el DJI Mavic Enterprise es una buena opción, ya que es el dron más pequeño que viene con baterías autocalentables.

Recordá tener el voltaje de batería en la pantalla remota junto con el resto de la telemetría de vuelo, para controlar de cerca cualquier caída de voltaje. Desplazarse un poco también te ayudará a calentar tus conexiones.

<u>Entonces, ¿cómo sé que es seguro volar en escenarios climáticos de frío intenso?</u>

Una buena manera de determinar esto es midiendo la dispersión del *punto de rocío* [10]. Si la diferencia entre el punto de rocío y la temperatura exterior es inferior a 5 grados, existe una alta probabilidad de que los accesorios se congelen y por tanto, que el avión no tripulado se estrelle.

¿Se pueden obtener imágenes de calidad cuando se vuela en la nieve?

Hay algunos consejos y trucos que pueden ayudar a capturar algunas imágenes increíbles cuando está nevando. En primer lugar, recomiendo volar en reversa. Esto evitará que la nieve entre en la cámara. De otro modo la cantidad de nieve será exagerada, por el efecto que generan las hélices al mover toda la nieve y pueden mojarse generando un efecto no deseado de descontrol en el equipo

La nieve tiende a reflejar mucho la luz, lo que puede arruinar fotos y videos. Usar un filtro ND te ayudará a contrarrestar esto.

¿Cuál es la mejor manera de utilizar tu tiempo de inactividad?

A menos que seas un experimentado piloto de drones que emprenda proyectos fuera del país, el ritmo delos trabajos se desacelera si el invierno muestra sus condiciones climáticas más extremas. Este tiempo de inactividad tendría que ser vivido con prudencia.

Este es un buen momento para repasar tu educación; leer, debatir como lo hacemos en Hornero *Podcast*. Intercambiar puntos de vista es vital para aprender.

Mejorar los aspectos de tu servicio que hayas detectado como débiles: podrías tomar cursos de organización, o de oratoria para mejorar la comunicación. Mantener la actividad física, como ya he recomendado no solamente favorece la resistencia del cuerpo del piloto, para esta dualidad indisoluble (piloto-dron); sino que mejora los neurotransmisores generando confianza en vos cuando más lo necesitás.

Accesorios recomendables para volar en invierno

Las baterías autocalentables son extremadamente importantes. El *Mavic Enterprise* es el dron más pequeño que viene con baterías autocalentables.

Los guantes transmisores te permiten operar su control remoto mientras se mantienen los dedos, manos y control remoto completamente cerrados.

Filtros ND para lidiar con la luz que se refleja en la nieve. Un

estuche de baterías ignífugos y sellados.

Calentadores de batería es otra forma de mantenerlas protegidas.

Una buena pista de aterrizaje para reducir el efecto del lavado de hélices.

La bolsa *Ziploc*, que es lo suficientemente grande como para que quepa tu dron, será útil para secarlo. Secar el dron en una bolsa *Ziploc* permitirá que se acumule condensación en la bolsa y no en los componentes eléctricos del dron.

NUEVAS TECNOLOGÍAS: ¿DEBERÍAN USAR DRONES PARA LA INSPECCIÓN Y MANTENIMIENTO DE MOLINOS DE VIENTO?

Para promover la adopción de tecnologías amigables con el medio ambiente como la energía eólica, es necesaria la competitividad económica con las fuentes de energía tradicionales no renovables. Un factor importante que a menudo se pasa por alto y que afecta la viabilidad comercial de la energía eólica es el alto porcentaje de fallas en las palas. A nivel mundial, se estima que hay un total de 3.800 fallas de cuchillas cada año.
Vale preguntarse ¿es posible asegurar una inspección y mantenimiento más eficientes del molino de viento?
¿Existen mejores alternativas a las metodologías de inspección tradicionales? Si la tecnología de drones puede resultar en una adquisición y procesamiento de datos más rápidos y precisos, para dar como resultado información que ayuda a mitigar las fallas y, por lo tanto, la pérdida económica, sería sumamente útil en nuestro país.

<u>Defectos de las palas del molino de viento y la necesidad de un proceso de inspección óptimo</u>

Las aspas del molino de viento, son estructuras complejas y no inmunes a los defectos de fabricación. La delaminación se trata de una falla del material que produce un espacio entre las capas de materiales y finalmente reduce la capacidad de carga. La presencia de partículas extrañas en la resina de la estructura, las burbujas de gas y el adhesivo estructural aplicado incorrectamente son otras razones por las que una turbina eólica no puede generar un rendimiento óptimo. Es fundamental utilizar una metodología de inspección eficiente (en términos de tiempo y costo) que pueda identificar con precisión estos defectos.
Hay varias formas tradicionales de inspeccionar las turbinas

eólicas. El uso de equipos de escalada en cuerda es una de las formas de inspección más comunes, aunque riesgosas. Otra alternativa es utilizar equipos terrestres que comprendan una cámara de alta resolución, un trípode y una potente computadora portátil para procesar datos. Ambas alternativas tienen inconvenientes considerables. Enviar equipos de escalada con cuerda es una forma lenta, costosa e imprecisa de realizar inspecciones. En primer lugar, inspeccionar visualmente un molino de viento no es la forma más precisa en lo que respecta a la adquisición de datos. En segundo lugar, utilizando este método de inspección, puede inspeccionar solo de 2 a 5 turbinas por día. Los costos de inspección podrían ser tan altos como U$S 1500- U$S 2000 para una sola turbina.

¿Cuáles son los beneficios de usar drones para la inspección y mantenimiento de molinos de viento?

Antes de comenzar a hablar sobre el uso de la tecnología de drones para las inspecciones de molinos de viento, aclaremos una cosa: las inspecciones con drones todavía están en la infancia. Los desafíos se hallan en dos frentes: adquisición y procesamiento de datos. Incluso si somos capaces de adquirir datos de inspección voluminosos utilizando drones, no es posible procesar estos datos y obtener información procesable sin el uso de una aplicación o software adecuado.

A medida que la tecnología se ponga a punto, usando automatización y drones, se podrían inspeccionar 20 turbinas todos los días. Y un proceso de inspección más rápido y una menor intervención humana significa que puede reducir su costo a U$S 300- U$S 500 por una sola turbina.

Para estas tareas, el dron debe estar equipado con un sofisticado sensor térmico. Usando los últimos sensores térmicos, se puede chequear hasta 15 cm de profundidad en una pala de turbina eólica. Otra ventaja de utilizar la tecnología de drones es que puede observar la alimentación, en tiempo real, en la estación terrestre.

Además, con un dron, se pueden tomar mediciones completas de la turbina. El rechequeo al año del vuelo inicial, permitiría adquirir nuevas imágenes y videos y verificar si el defecto ha empeorado con el tiempo.

¿Puede utilizarse un dron comercial de la línea Mavic o Phantom para la inspección y mantenimiento de molinos de viento?

Los avances tecnológicos significan que ahora tenemos drones y sensores térmicos más potentes a disposición. En términos generales, tres factores principales determinan la selección de drones para la inspección y mantenimiento de turbinas eólicas:

1. Capacidad para volar con vientos fuertes.
2. Capacidad para capturar imágenes desde lejos.
3. Capacidad para soportar interferencias magnéticas.

¿Podrías usar un Mavic o Phantom para la inspección de molinos de viento y el trabajo de mantenimiento?

Lamentablemente no. Debido a que las turbinas eólicas están ubicadas en áreas que experimentan altas velocidades del viento, no hay otra alternativa que optar por un dron industrial muy grande. Por ejemplo, ciertos parques eólicos son testigos de velocidades de hasta 20 m / s. Para poner las cosas en perspectiva, incluso el Inspire tiene una resistencia máxima al viento de 10 m / s. También se debe usar un dron equipado con un sistema D-RTK GNSS, que permitirá soportar interferencias magnéticas para garantizar un vuelo seguro y estable.

LOS MEJORES DRONES PARA VOLAR EN EL VIENTO

¿Qué necesito para obtener tomas suaves en mal tiempo?

Aprender a volar tu dron en condiciones de viento puede ser un desafío extremadamente difícil. Sin embargo, es importante tener entrenamiento, especialmente si estás buscando volar comercialmente. Dependiendo de dónde vivas, tu capacidad de volar a menudo estará limitada por el clima de la región. Como piloto profesional de drones, debes asegurarte de perder la menor cantidad de oportunidades posible. Cuantos más días puedas volar, más dinero podrá ganar. Si bien todos saben que es casi imposible volar todos los días del año, contar con el equipo adecuado y comprender cómo volar en condiciones difíciles te dará una ventaja sobre su competencia.

Cualquiera que haya tomado un curso básico de entrenamiento con drones dirá que las configuraciones que un cuadricoptero será la mejor opción en relación precio/rendimiento. Si estás buscando comprar un cuadricoptero para volar en condiciones de viento, repasaré los modelos de gama de consumo que son buenas opciones.

Los mejores drones de consumo para condiciones de viento

DJI Inspire: El mejor dron de consumo de primera elección para volar en el viento es simple. DJI y su línea Inspire, es un modelo flexible y resistente con grandes capacidades de viento y precisión de datos. Esta ave tiene una resistencia máxima a la velocidad del viento de 10 m / s. En condiciones de viento, esto permite a los pilotos flotar a través del viento en el *Modo Actitud* y usar el viento como ventaja, obteniendo disparos suaves sin tener que tocar los palos. Es un modelo perfecto para aquellos que son nuevos en volar en el viento y pueden tener manos nerviosas.

DJI Phantom: La serie Phantom mejora sus propiedades con cada nuevo lanzamiento. Por alguna razón, es mucho más preciso en su ubicación GPS y capacidades de desplazamiento de elevación. Aunque es algo molesta la gran cantidad de notificaciones que se reciben durante el vuelo ("VELOCIDAD DEL VIENTO DEMASIADO ALTA ... BLAH, BLAH, ETC), es un gran dron para entrenar en el viento.

DJI Mavic Pro: DJI afirma que la serie de Mavic Pro tiene una resistencia máxima a la velocidad del viento de 38 kilómetros por hora. Sin embargo, debes tener cuidado con esta serie, porque se voltearán si intentas enfrentar un viento demasiado fuerte.

<u>Consejo #1: Experimentar, te dará confianza en vuelo en el viento.</u>

Las condiciones del viento, aunque son divertidas para volar, traen un nuevo conjunto de problemas con los que tendrás que lidiar además de operar tu dron. Debido a que la máquina trabajará mucho más para mantenerse a flote a medida que el viento empuje contra ella, se consumirá la batería más rápido. Por lo tanto, tendrás que prestar más atención a la duración de la batería mientras que el dron está en el aire.

Para generarte confianza al operar tu VANT en condiciones de viento, tenés que practicar de modo sistemático y supervisado. Lo mejor que puedes hacer es salir y sentir las condiciones de viento. Yo registro en mi bitácora, los datos relevantes de cada salida, para analizarlas luego y corregir acciones a futuro.

<u>Consejo #2: Amigarse con el viento</u>

Si sos capaz de dominar la técnica de usar el Modo Actitud para deslizarte por la brisa como un surfista en una ola, encontrarás que el viento puede ser una herramienta poderosa. Si se usa correctamente, una brisa agradable puede ser aliada perfecta para obtener tomas suaves y sedosas que de otro modo nunca podrías obtener.

DRONES SOBRE CALLES Y TRÁFICO EN MOVIMIENTO

Si trabajas como piloto profesional de drones, debes estar familiarizado con las regulaciones de la ANAC, o de otras entidades aeronáuticas, sobre volar sobre calles y moverse en el tráfico. Es muy probable que te pidan imágenes que requieran volar cerca o sobre carreteras y otros lugares mientras los automóviles se mueven a través de ellos.
Comprender la legalidad y la ética de volar en esos escenarios asegurará que obtengas las tomas que deseas sin poner a nadie en riesgo.

<u>Saber sobre volar por las calles</u>

Se suele pensar que no hay acciones inseguras al volar sobre vehículos en movimiento a una distancia razonable, pero esto no es necesariamente cierto.

Las entidades aeronáuticas creen que se debe permitir que un vuelo sobre una persona que está dentro de un vehículo cubierto estacionado, puede proporcionar una protección razonable contra la caída de una aeronave no tripulada. Sin embargo, esta regla no se aplica a la accion de una pequeña aeronave no tripulada sobre un vehículo en movimiento porque el entorno de operación del vehículo en movimiento es dinámico y las posibles fuerzas de impacto cuando una aeronave no tripulada impacta un vehículo en movimiento presentan riesgos inaceptables debido a las velocidades de cierre frontal. Además, el impacto de un pequeño avión no tripulado puede distraer al conductor de un vehículo en movimiento y provocar un accidente con lesionados muy graves.

Técnicamente, esto significa que no puedes volar tu dron sobre las calles con tráfico en movimiento, debido a que los conductores no estarán al tanto de la presencia del dron y no estarán preparados para responder de manera segura si algo cae desde el cielo.

Sin embargo, de acuerdo con las regulaciones de las entidades aeronáuticas sobre personas individuales, se le permite volar sobre ellas cuando están "participando directamente" en la producción de las imágenes del dron. Se define este término diciendo: "Participar directamente se refiere a cualquier individuo que el piloto remoto haya considerado involucrado en la operación de vuelo de la pequeña aeronave no tripulada. Estos incluyen el piloto remoto al mando, la persona que manipula los controles del VANT y el observador visual. Este personal también incluye a cualquier persona que sea necesaria para la seguridad de la operación de vuelo VANT. Por ejemplo, si una operación de VANT involucra a una persona cuyas tareas son mantener un perímetro, para garantizar que otras personas no entren en el área de la operación, esa persona se considerará participante en el vuelo de VANT.

Si, por ejemplo, estaba filmando imágenes con aviones no tripulados para bienes raíces y empleó al agente de bienes raíces para que esté alerta y mantuviera a las personas fuera del área de vuelo, esta persona se consideraría un participante y podría ser sobrevolada. Sin embargo, no podrías volar sobre el vecino afuera paseando a su perro.

¿Qué significa esto para los pilotos de dron?

Esencialmente, debes asegurarte de que todos en el área de vuelo estén involucrados de alguna manera en la producción del metraje y estén conscientes del lugar de la cámara en el cielo en todo momento.

LO QUE NECESITAS SABER ANTES DE VOLAR TU DRON DESDE UN VEHÍCULO EN MOVIMIENTO

Volar tu dron desde un vehículo en movimiento ofrece un nuevo conjunto de desafíos. Si no optimizas sistemas y procesos, terminarás perdiendo el dron.

Este capítulo puede servir como un excelente punto de partida para las personas que planean volar desde un bote o automóvil en movimiento. Si deseas más información sobre este tema, te recomiendo encarecidamente que escuches *Hornero Podcast* para estar actualizado en detalles de leyes y formas de volar.

¿Las reglas aeronáuticas le permiten grabar desde un vehículo en movimiento?

Esta es la primera pregunta que me hacen los pilotos de drones. Lo que se indica con respecto a volar desde un vehículo en movimiento es:

Ninguna persona puede operar un pequeño sistema de aeronave no tripulada:

(a) Desde una aeronave en movimiento;

o

(b) Desde un vehículo terrestre o acuático en movimiento a menos que la pequeña aeronave no tripulada vuele sobre un área escasamente poblada y no esté transportando una carga que le agregue peso innecesario (Exceptuando la cámara)

Entonces, ¿puedes volar desde un automóvil en movimiento o un bote? Sí, siempre que se encuentre en un área escasamente poblada. Para volar en un área poblada, se debe solicitar un permiso especial.

"Se debe permitir que una persona vuele sobre una persona que está dentro de un vehículo estacionado, cubierto que puede proporcionar una protección razonable contra la caída de una aeronave no tripulada. Sin embargo, esta regla no permitirá la operación de una pequeña aeronave no tripulada sobre un vehículo en movimiento porque el entorno de operación del vehículo en movimiento es dinámico y las posibles fuerzas de impacto cuando una aeronave no tripulada impacta un vehículo en movimiento presentan riesgos inaceptables debido a las velocidades de cierre frontal . Además, el impacto de un pequeño avión no tripulado puede distraer al conductor de un vehículo en movimiento y provocar un accidente ".

<u>Verificaciones previas al vuelo desde un vehículo en movimiento</u>

Por lo tanto, si has decidido establecer un vuelo desde un automóvil en movimiento o un bote en un área escasamente poblada; tenes que recalcar la importancia de mantener y seguir una lista de verificación previa. Esto es especialmente importante cuando estás elevando el dron y volando desde un vehículo en movimiento.

En primer lugar, asegurar que la batería del dron tenga suficiente carga. Poder ver y controlar de cerca el voltaje de la batería en la pantalla remota; este monitoreo es especialmente importante cuando además la climatología sea adversa como condiciones extremadamente frías o extremadamente calientes. El clima extremo tiende a agotar considerablemente el tiempo de vuelo. Recomiendo mantener la batería caliente y aislada con un estuche para drones.

Verificar que la velocidad del viento esté dentro de los límites aceptables. Podés monitorear la velocidad del viento a diferentes elevaciones yendo aquí:

Establecer siempre la "Pérdida de señal RC" en "Desplazar". Si se establece en "RTH", el dron viajará lejos y de regreso al punto de inicio, y terminaría en el agua.

<u>Ser muy precavido al despegar y aterrizar desde un vehículo en movimiento en el agua.</u>

Los despegues y aterrizajes al volar sobre el agua son particularmente difíciles. Es preciso tener en cuenta todas las causas de interferencia y tomar las medidas apropiadas para cortar el problema de raíz.

<u>*Consejo profesional*</u>: apagá cualquier dispositivo con *Bluetooth*, como parlantes de música, teléfonos e incluso tu reloj inteligente para un vuelo seguro y sin incidentes.

Recomiendo despegar desde la parte trasera del barco.
¿Deberías despegar en modo GPS, modo Atti o modo deportivo? Podés escuchar en *Hornero Podcast* explicaciones amenas y bien desarrolladas sobre estos tópicos importantes.

Aterrizar el dron cuando el barco está en marcha es particularmente difícil. Si está en marcha, la velocidad del navío debe ser al menos 10 km menor que la velocidad del dron.

También podrías intentar atrapar a mano el dron. Un dron con tren de aterrizaje como un *Phantom* o *Inspire* siempre es más fácil de atrapar que un *Mavic*. Si sos novato, no es recomendable atrapar un *Mavic* a mano.

DURACIÓN DE LA BATERÍA DEL DRON: CÓMO APROVECHAR AL MÁXIMO LA BATERÍA DE DRON LIPO

El dron viene con una batería de polímero de litio o LiPo [11]. Un teléfono inteligente también tiene una batería LiPo. Pero la similitud termina ahí. Las baterías de drones son comparativamente más volátiles y terriblemente caras; por lo tanto, cuidarlas debe ser la máxima prioridad.

Una batería cuidada adecuadamente puede proporcionar una vida útil de carga y descarga de hasta 300 ciclos; mal cuidada, apenas llegará a 50.

No todos los drones y sus baterías se fabrican de la misma manera. Por ejemplo, las baterías *Phantom* te durarán más que las baterías *Mavic*. Y las baterías *Mavic* tienen una vida útil más larga en comparación con las baterías *Spark*. En términos generales, la duración de la batería de tu dron depende de tres factores principales:

- Con que frecuencia volás
- Cómo volás.
- Dónde volás.

Analizando los factores:

Si no se vuela por mucho tiempo, las baterías pueden estropearse rápidamente. Te recomiendo que practiques o tengas un día de vuelo fijado, por ejemplo: todos los viernes. Esta es una excelente manera de mantener la batería en perfecto estado; y paralelamente mejorar continuamente tus habilidades.

Configurar la batería para que se descargue automáticamente cada 7 días es buen recordatorio para salir y volar el dron.

Si tus horarios no te permiten salir y volar cada semana, como mínimo debés hacerlo una vez al mes.

Las baterías LiPo tienen una alta probabilidad de fallar si el dron permanece inactivo por período mayor a 30 días. Además de una descarga automática de 1 semana, se recomienda almacenar las baterías de drones con un 30% a 60% de la carga total.

Cómo cargar las baterías de tu dron

Realizar un ciclo profundo y completo una vez cada diez vuelos para disfrutar de una vida útil óptima de la batería del dron.

¿cómo se ejecuta un ciclo profundo y completo de tus baterías de drones? Existen dos maneras de hacerlo:

1. Volar tu dron hasta que esté a punto de perder potencia; cuando el voltaje de la batería cae a alrededor de 3.5 V o el 5% de la carga total, podes hacer que el dron flote y, finalmente, aterrice automáticamente. No te olvides de rodar el dron hacia la izquierda y hacia la derecha durante el aterrizaje automático. Este movimiento de extraerá toda la carga posible de su dron.
2. Aterrizar tu dron pero dejar la alimentación encendida. La batería LiPo agotará toda la carga después de un tiempo y el dron se apagará automáticamente.

Volar en condiciones climáticas de alta temperatura

¿El plan es volar en un día de verano, un pleno enero porteño? Serán necesarias precauciones adicionales para prolongar la vida del dron.

En primer lugar, no cargues las baterías cuando estén demasiado calientes. Por ejemplo, en la *linea Phantom*, las luces del dron comenzarán a parpadear cuando las baterías estén realmente calientes. En este escenario, recomiendo esperar al menos 30 minutos para que las baterías se enfríen. Prohibido dejar la batería cargándose cuando esta luz esté parpadeando.

Otra premisa de precaución: NO intentes enfriar artificialmente la batería colocándola en un refrigerador o frente a un aire acondicionado. Al hacerlo, acortarás drásticamente su duración útil.

Cómo prolongar la vida útil de la batería del dron en condiciones de frío

Si vas a volar en invierno, preparate para ver reducida la duración de la batería. En tales casos, tener una valija profesional y termina para guardar sus baterías ayudará a mejorar su experiencia. Sus baterías LiPo deberán permanecer bien aisladas y calientes.

Cuando vuele en ambientes fríos, esto es lo que debe hacer: encienda su dron y deje la alimentación encendida durante un par de minutos. No despegues todavía. Apaga el dron y vuelve a encenderlo. Hacerlo te ayudará a extraer algo de tiempo de vuelo adicional.

Cuando vuelas en condiciones extremas, puedes considerar ir un paso más allá. Primero enciende tu dron y déjalo encendido durante un par de minutos. Luego apágalo.
Vuelve a encender tu dron y flota a 1,5 metros durante 30 a 60 segundos. Trae el dron hacia atrás y vuelve a apagarlo. Cuando vuelva a encender su dron, podrá disfrutar de una vida útil prolongada de la batería.

Cómo viajar con las baterías de drones

¿Cuál es la mejor manera de viajar con sus baterías de drones? En un avión, podés colocar la caja de dron en el gabinete sobre la cabeza;
Recuerda: las reglamentaciones de las entidades aeronáuticas no permiten almacenar baterías de polímero de litio debajo del avión, en la bodega.

Si viajas por ruta terrestre, NO dejes las baterías en el baúl del automóvil. ¡Ha habido casos en que las baterías de drones que quedan en las camionetas se incendiaron y quemaron realizando un agujero a través de la cama de acero!

<u>Algunos consejos más para prolongar la duración de la batería del dron</u>

Podría tocarte una batería defectuosa que se agota después de sólo 25 ciclos. Para esta eventualidad, podés probar este truco: abrir la parte superior de la batería y luego desconectar el puerto de 5 pines. Volver a enchufar el puerto, volver a conectar y luego descargar la batería por completo.
Una vez completamente descargada, volver a cargar la batería. Esta no es una solución que funcione siempre, pero ciertamente vale la pena intentarlo.

Cuando estés volando sobre el agua, inclinar la elevación por completo. Y, si el voltaje cae por debajo de 3.5V, llevar el dron a casa de inmediato. No querrás que el dron aterrice automáticamente cuando se desplaza sobre el agua. Si el dron aterriza automáticamente, tendrás control lateral pero no control de elevación. Y debido a esto, podrías perder tu precioso equipo.

<u>Recordatorio</u>: guardar baterías en un lugar fresco y seco. No retirar las baterías cuando las cuatro luces estén parpadeando. Hacerlo, afectará gravemente la vida útil de la batería del equipo

CONOCÉ BIEN EL DRON DJI: UNA GUÍA PARA EL COMPRADOR

¿Vas a comprar un equipo por primera vez?
¿Confundido sobre cómo funciona el dron DJI?
En este capítulo, repaso los diferentes componentes de este VANT; con sugerencias que ayudarán a aprovechar al máximo el dron DJI.

Tópicos sobre los siguientes componentes

- Hélice
- Cámara
- Cardán
- Motor
- Batería de vuelo
- Sistema de visión
- LED delanteros
- Sistema indicador de aeronave

<u>Mantener siempre los accesorios en las mejores condiciones de trabajo.</u>

Los drones DJI como Phantom e Inspire son cuadricópteros, lo que significa que poseen cuatro hélices. Las hélices, al girar, proporcionan el empuje necesario para que el dron DJI tome vuelo. Los equipos tienen accesorios de giro superior con un diseño autoajustable; vienen con anillos grises y anillos plateados, esto es una indicación para saber dónde se deben colocar estos accesorios. No olvides girar la hélice en la dirección indicada (en sentido horario o antihorario).

Se recomienda cambiar los accesorios incluso si existe el más mínimo daño. Recordá: si no te ocupás de un chequeo y mantenimiento permanente de cada accesorio, perdés tu dron. Si se perdiera un accesorio en vuelo, podrás aterrizar el dron.

Claro, será un aterrizaje difícil. Pero, al menos, no perderás tu equipo.

No es recomendable usar accesorios de fibra de carbono. Estos causan micro vibraciones que aflojan lentamente la estructura de un dron y todos sus componentes.

Algunas personas usan *"defensas"* cuando aprenden a volar. Los protectores de hélices ayudarán a salvar hélices cuando te encuentres en pleno entrenamiento. Pero el uso de éstos; genera un coeficiente de arrastre mucho mayor. Esto interfiere con el vuelo, y lo hace mucho más dificultoso.

Consejo profesional: los tornillos de la hélice pueden aflojarse con el tiempo. Así que, verifícalos al menos cada dos meses.

Conociendo la cámara y cardán [12]

La elección de una cámara de dron depende de su aplicación y el pedido del cliente. Optar a ciegas por el sensor de mayor calidad no es aconsejable. Por lo tanto, los requisitos para alguien que está planeando tomar trabajos de mapeo serán diferentes de aquellos que planean grabar bienes raíces.

¿Necesitas una cámara con buen zoom donde pueda ver los detalles más pequeños? Podés considerar la linea *Mavic* de drones o las cámaras *Zenmuse* dependiendo de los requerimientos específicos de calidad y tamaño del trabajo.

La cámara está conectada al cardán. El cardán asegura que la cámara permanezca estable y que pueda capturar imágenes claras. El cardán del *Phantom* permite que la cámara se incline a un ángulo de hasta 120 grados. Si vuela en modo FPV (First Person View) el cardán sincronizará el movimiento de la cámara con el movimiento del dron. Mientras que en el modo *Seguir*, el ángulo entre el cardán y la nariz de la aeronave siempre permanece constante.

Consejo profesional: usá una plataforma de aterrizaje para proteger cámara, cardán y tren de aterrizaje del daño.

Cómo sacar el máximo provecho de la batería

El dron DJI viene con batería LiPo; aunque el principio sea el mismo que el de las baterías de un teléfono inteligente; las baterías de dron requieren mucho más mantenimiento y cuidados.

Entre las funciones de la batería DJI está la descarga automática, que descargará automáticamente la batería si ha estado inactiva durante mucho tiempo. Esto es particularmente importante; un prolongado tiempo de inactividad provocará un fallo de la batería. La mejor manera de prevenir esto es volar al menos una vez a la semana.

La detección de temperatura es otra característica útil en la batería DJI. Esta función previene que la misma se cargue si la temperatura de la batería es superior a 40 grados Celsius. Una advertencia: no intentes enfriar la batería colocándola en heladera o frente al aire acondicionado. Hacerlo reducirá drásticamente su vida útil.

Consejos para mantener el motor de dron funcionando en las mejores condiciones

Asegurá que los motores estén en óptimas condiciones de funcionamiento. Las bobinas del motor deben estar libres de acumulación de aceite; y el color fresco original del cobre aún debe estar presente. Un simple movimiento con un dedo debería ser suficiente para hacer que los motores de propulsión giren varias veces. También ser precavido contra la acumulación de arena en los motores.

Si se pierde un motor en un cuadricóptero, perderás el dron.

Algunas características más de DJI

- La *"evasión de obstáculos"* en tu dron DJI se facilita debido al sistema de visión delantera y trasera.

- La iluminación adecuada es necesaria para que funcione el sistema de visión y que así permita evitar la entrada de obstáculos.
- Para evadir un objeto, el dron primero desacelera, luego se desplaza y finalmente comienza a subir verticalmente.
- Los LED delanteros se iluminan en rojo sólido para representar la orientación del dron.
- El indicador de estado de la aeronave muestra el estado de controlador de vuelo. Una luz amarilla intermitente lenta significa que el Phantom *4 Pro* está volando en modo Actitud sin un GPS o sistema de visión.

ALGUNOS CONSEJOS PARA COMPRAR UN DRON USADO.

¿Pensando en comprar un dron usado?

Para muchas personas, comprar un dron usado parece ser la mejor opción (y la más asequible). Particularmente si planeás iniciar un negocio de drones, comprar equipos usados puede ser una buena manera de ahorrar dinero. Después de todo, para que el negocio despegue, probablemente necesitarás una cantidad considerable de efectivo en equipos, software y otros costos comerciales generales.

Sin embargo, ¿cómo haces para comprar un dron usado?
¿Es inteligente elegir uno de Internet? ¿Ese dron que aparece en el *E-COMMERCE* realmente funciona?

Desafortunadamente, muchos pilotos han sido víctimas de estafadores comprando drones en línea. Si sabés dónde buscar y cómo llevar a cabo el proceso correctamente, comprar un dron usado puede ser una forma rentable de comenzar tu negocio.

Aquí hay algunos consejos para comprar uno:

Compra drones usados en persona (En lugar de en línea)

La compra on line de un usado presenta demasiadas aristas que pueden salir mal. Incluso si estás comprando de una fuente legítima, las imágenes del equipo no siempre reflejarán su verdadera condición. El hecho de que se vea bien en las fotos no significa que volará correctamente. Puede haber cosas que el piloto ni siquiera sabe que están mal con el dron, y querrás tener la oportunidad de comprobarlo vos mismo antes de comprarlo.

Evitá los *E-COMMERCE* (a menos que vivas en un área remota donde esos son los únicos mercados disponibles). Si alguien publica un dron para la venta en un foro, investigá adecuadamente sobre el vendedor. Preguntá si alguien más le ha comprado a esa persona.

Si podés comprar en persona; siempre es una mejor opción.

Inspeccioná cada parte del dron

Adquirir un dron usado en persona te da la oportunidad de inspeccionarlo. Observá cuidadosamente el cuerpo en busca de signos de estrés [13] como grietas y decoloración. Estos son indicios certeros de que el dron ha sido maltratado.

Obviamente, pequeñas grietas constituyen un indicador de que el dron no está en plena forma. Sin embargo, los signos menos notables como las manchas de hierba también deberían disuadirte de comprar. Si el dron tiene manchas de hierba en su cuerpo (particularmente cerca de las hélices) significa que el dron ha estado volando con una distribución de peso desigual. Aunque el desequilibrio de peso sea menor, puede causar deterioro con el tiempo. También es pertinente verificar la rigidez de los tornillos para asegurarse de que el dron no haya volado con un marco tambaleante.

Otra cosa que querrás mirar es el motor. Un motor que funcione bien no mostrará signos de deterioro. Las bobinas deben tener un color cobre fresco sin acumulación de aceite; que se pueda provocar una fácil rotación con solo un movimiento de tu dedo; y que no se observen arena o detritos.

Preguntá por las baterías

A esta altura de lectura de estas páginas, ya sabés que las baterías requieren un uso adecuado y un mantenimiento regular. Si las baterías no se han cuidado esmeradamente, lo más probable es que no quieras comprar ese dron.
Además de probar las baterías para asegurar que funcionan, preguntá cuántas veces se han apagado. Las baterías que se han reciclado más de 40 veces no durarán mucho más y no querrás

comprarlas.

Comprobá los registros de vuelo

Podrías comprar un dron usado si te muestran fehacientemente que le quedan millas/kilómetros. Después de todo, no tiene sentido comprar un dron que fenecerá poco después de comprarlo. La mejor manera de averiguar cuántas millas o kilómetros tiene es mirar los registros de vuelo.

Vas a poder leer los datos de vuelo dentro de la aplicación que el dueño/vendedor usó para volar el dron. Si te permite echar un vistazo a su aplicación, leerás el registro de vuelo allí mismo. Si no te ofrecen esta información, deberás buscar un amigo que pueda extraer el código o continuar tu búsqueda de un VANT usado.

10 HERRAMIENTAS ESENCIALES PARA PILOTOS COMERCIALES DE DRONES

Una lista de equipos que todo piloto necesita.

Como cualquier profesional, los pilotos de drones precisan las herramientas adecuadas para hacer su trabajo correctamente. Después de todo, nunca querrás perderte un concierto; un espectáculo artístico bien remunerado porque no poseés las herramientas adecuadas para la tarea. Tener los elementos correctos en un kit de herramientas asegurará que siempre estés preparado.

Si bien las herramientas exactas, dependerán de la naturaleza del trabajo y tu conjunto de habilidades, existen los "esenciales"

Almacenamiento portátil

La tarjeta microSD correcta es imprescindible para el almacenamiento adecuado a corto plazo de datos. Lo deseable es tener una que transfiera a una velocidad de 100 mbps o más.

Almacenamiento a largo plazo

En un mundo perfecto, los discos duros externos nunca nos fallarían. Podríamos comprarlos y depender de ellos para trabajar cuando lo necesitemos. Desafortunadamente, el hardware siempre está sujeto a fallas, y casos de esta magnitud pueden ser catastróficos dependiendo de las circunstancias.

Afortunadamente, la característica redundante de las soluciones de almacenamiento como NAS es el mejor aliado de un piloto de drones. Con múltiples bahías que permiten la versatilidad, una falla en el disco duro no significa que la pérdida de datos sea una consecuencia ineludible.

El almacenamiento a largo plazo te dará la tranquilidad que necesitas. Te alegrará saber que todos tus excelentes videos y fotos están seguros y listos para acceder cuando los necesites.

Filtros ND

Los filtros de densidad neutra son básicamente gafas de sol para la cámara aérea. Pueden ser el factor determinante para producir un metraje crujiente o distorsionado.
Si bien tendrás que experimentar con ellos para que funcionen correctamente, los filtros ND son una herramienta fundamental.

Estuche de transporte

Cuando trabajas con clientes; ellos observan cada uno de tus movimientos y la percepción que tengan de tu técnica significa mucho. Esa primera impresión puede influir directamente en su toma de decisiones; para contratar tu servicio, querrán asegurarse de que valga la pena.

El estuche de transporte óptimo debe ser funcional, y demostrar tu previa preparación y profesionalismo.

Pensando en tus necesidades específicas: considerá la portabilidad y la funcionalidad antes de realizar una compra.
Algunos pilotos tienen múltiples estuches para diferentes aplicaciones, funcionales tanto para pilotos comerciales como para aficionados. Una vez más, la percepción lo es todo, y parecer un aficionado activará una gran bandera roja en el lugar de trabajo.

Luces

Tener el juego de luces adecuado es imprescindible. Especialmente una vez que haya aprendido cómo solicitar una exención exitosa para la operación nocturna.
Por otro lado, las luces pueden ser un factor importante incluso cuando se graba durante el día.

Potenciadores de alcance

La interferencia es el peor enemigo de un piloto de drones, y los extensores de alcance que se pueden sujetar a las antenas del transmisor pueden ser un salvavidas para el vehículo. Es una decisión comercial inteligente poseer varios conjuntos de éstos.

Pista de aterrizaje

Los escombros y el polvo son dos enemigos tanto de los operadores de VANT como de los aviones. Si volás en la naturaleza (como lo hace casi cualquier piloto comercial), una pista de aterrizaje es una herramienta simple pero efectiva para preservar el dron. Una buena plataforma de aterrizaje ayudará a prevenir el daño cosmético y estructural que puede causar el sedimento suelto.

Monitor externo

Cuando se trabaja con un equipo de filmación, el tiempo lo es todo. Los productores tendrán requisitos específicos para las tomas. Por eso es esencial tener un monitor externo en el kit. El piloto no solo puede usarlo para configurar mejores tomas, sino que un segundo espectador, como un director, puede ver la transmisión en vivo y dar instrucciones cuando filma una escena.

Chaleco y casco

Nuevamente, la credibilidad lo es todo cuando ingresás al sitio de trabajo; sea cual fuere el lugar donde fuiste convocado. En este *metièr* el escenario es variopinto: exteriores, terrenos, campos, lagunas, plena ciudad, puertos, construcciones, y podría seguir largamente la lista. Para aplicaciones comerciales, tener un chaleco de seguridad y casco no solo te mantendrá a salvo, sino que brindará a los clientes la certeza de que sabes lo que estás haciendo.

Son necesarios para ingresar a un predio en construcción, entonces, ¿por qué no acudir preparado?

Redundancia Básica

Las baterías, los cables de carga, las hélices y los transmisores son imprescindibles para cualquier operador de drones comerciales. Si bien es obvio que cualquier piloto debería llevarlos consigo, es importante tener en cuenta que las múltiples capas de redundancia son críticas para prevenir una misión fallida.

El consejo profesional aquí es tener un estuche adicional con respaldo para todo. No hay excusa para viajar a un sitio sin estar preparado. Hacer una copia de seguridad de cada aspecto de su operación ahorrará muchos dolores de cabeza en el futuro.

CÓMO LOS DRONES ESTÁN AYUDANDO A LOGRAR UNA MAYOR SUSTENTABILIDAD.

Tres usos de drones lucrativos donde la sustentabilidad está impulsando la demanda

¿Está buscando algunas verticales lucrativas de la industria donde puedas lanzar tus servicios de drones? He seleccionado tres usos de drones que pueden ayudarte a hacerlo.

<u>*Drones para construcción verde*</u>

La mayor conciencia del cliente sobre las ventajas de la construcción sostenible ha dado como resultado que más y más organizaciones y propietarios opten por ser "ecológicos". Junto con menores costos de energía, también hay algunos beneficios intangibles, como una mejor productividad y menores tasas de deserción.

El tamaño del mercado de la construcción verde está vinculado a un gigantesco monto de U$S 81 mil millones. Entonces, ¿cómo puede un piloto de drones ser parte de esta industria en crecimiento? Para entender dónde encaja, primero es importante comprender los conceptos básicos de la construcción sostenible.

La eficiencia energética es, posiblemente, el resultado más importante de la construcción sostenible. Los puntajes de una estructura en este frente dependen de su *envolvente de construcción*. La *envolvente* del edificio consta de paredes, puertas, ventanas, techos y tragaluces. Estas son las salidas a través de las cuales se transfiere energía térmica durante todo el día.

La cuantificación de esta resistencia térmica nos permite calcular el *"Valor R"*, un indicador preciso de la eficiencia energética.

El abastecimiento responsable de material es otra faceta de la construcción sostenible. Por ejemplo, el hotel Bardessono en California es uno de los dos únicos hoteles en el mundo que recibe la calificación LEED más alta. Su materia prima se obtuvo de la piedra de una estructura existente, madera reciclada, metal y aislamiento de lana de oveja.

Optar por la ecología conlleva grandes gastos iniciales de capital, pero puede ahorrar MUCHO a largo plazo. Según el Centro de Industrias Verdes y Crecimiento Comercial Sostenible, los edificios con certificación LEED [14] muestran una caída del 13.6% en los costos operativos. El ROI [15] general aumenta un 9,9%.

Drones para inspecciones de energía solar

Me sorprendió saber que la cantidad total de energía solar que se vuelca sobre la tierra es en realidad 10,000 veces mayor a los requerimientos de nuestro planeta. Es inspirador imaginar lo que significaría para nuestro Mundo si pudiéramos encontrar una manera de aprovechar más la energía solar. Claro, la capacidad mundial instalada ha crecido enormemente en los últimos años. Estamos en 300GW en este momento. Pero, a medida que se descubren formas más eficientes de aprovechar más la energía solar, los costos deberían caer en picado y conducir a una adopción aún mayor de esta tecnología.

Los drones se están aprovechando para reducir los costos de mantenimiento y aumentar la generación de energía.

Para realizar una inspección de células solares, se necesita una cámara térmica radiométrica calibrada.

El uso de drones para la inspección de células solares permite:
- Identificar puntos calientes
- Observar el crecimiento de vegetación no natural
- Localizar diodos de células de derivación activadas

Pix4D y DroneDeploy son posibles soluciones para realizar inspecciones de células solares. Recomendamos comparar los resultados antes de saltar a cualquier conclusión de cuál es mejor o peor. ¿Qué solución te da más detalles y más imágenes claras?

¿Qué solución es más fácil de usar? Buscar estas respuestas de forma concienzuda, te permitirá concentrarte en la herramienta adecuada.

Drones para entrega: cómo dejan menos huella de carbono

¿Realidad o sueño distante? Si los drones se usan para entregas más pequeñas en lugar de las más grandes, y en estados o provincias con una mayor dependencia de la energía limpia, ambiental (y económicamente), serían una mejor alternativa a las entregas de camiones.

Aún no está dada la discusión de si tales desarrollos pueden convencer a las entidades aeronáuticas lo suficiente como para introducirlos a la legislatura, lo que hará posible volar sobre personas y volar BVLOS [16], luego de esto las entregas con drones serán una realidad.

CÓMO USAR DRONES PARA INSPECCIONES DE LÍNEAS ELÉCTRICAS

Los drones tienen el potencial de revolucionar la forma en que inspeccionamos nuestras líneas eléctricas y torres de transmisión. El uso de un dron puede reducir los costos de U$S 5,000 a U$S 200 para una sola inspección de la torre de transmisión, permitiendo la obtención de datos mucho más precisos.

Junto con enormes ahorros económicos, cuando también se considera la reducción de la intervención humana, el uso de drones para inspecciones de líneas eléctricas se convierte en una propuesta cada vez más atractiva.

Sin embargo, el uso de drones para inspecciones de líneas eléctricas conlleva su propio conjunto de riesgos. Y, cuando se comete un error, las repercusiones son enormes. Solo los pilotos con considerable experiencia de vuelo en su haber deben aventurarse en este campo.

¿Cuáles son algunos de los riesgos asociados con el uso de drones para inspecciones de líneas eléctricas?

Cuando se vuela cerca de líneas de alta tensión de KV, se ejerce una interferencia invisible en tu dron. Esto hace que volar sea extremadamente difícil. Se puede comparar esta interferencia con una red Wi-Fi. A mayor distancia entre tu dron y las líneas eléctricas, menor es la interferencia.

No se puede usar un dron de consumo sin protección ferromagnética para las inspecciones de la línea eléctrica. ¡Volar el dron cerca de una línea de alta tensión simplemente freirá su controlador de vuelo!

La resistencia ferromagnética mide cuánta resistencia es capaz de manejar un dron. La línea Phantom, por ejemplo, tiene mayor resistencia ferromagnética que la línea Inspire.

Es probable tener menos interferencias y problemas si se vuela por encima o en los laterales de las líneas eléctricas. Sin embargo, si vuela entre líneas eléctricas, la interferencia de vuelo tendrá un gran pico. Es aconsejable mantener una distancia de al menos 100 pies/31 metros de una línea eléctrica en todo momento.

¿Qué equipo está capacitado para realizar inspecciones de líneas eléctricas?

Comencemos con el dron: uno de alta gama como la línea Matrice es más adecuado para realizar inspecciones de líneas eléctricas. El módulo D-RTK para resistir la interferencia magnética, una cámara con alta capacidad de zoom y un sistema de doble cardán hacen que la línea Matrice sea la más apta.

Es posible llevar una cámara óptica y una cámara térmica en esta línea; esto acelera la detección y diagnóstico de problemas.

Se podrían usar drones de consumo para inspecciones de líneas eléctricas, pero ¿qué pasa con la interferencia ferromagnética?

Una jaula de Faraday [17] puede encargarse de esto. La instalación de una jaula de Faraday ayudará a evitar que el controlador de vuelo se frene debido a la interferencia ferromagnética. Una precaución rudimentaria, sería envolver una pieza de fibra de carbono alrededor del controlador de vuelo.

Si la oportunidad laboral lo amerita, se puede invertir en un dron de ala fija.

Al volar cerca de líneas eléctricas, la interferencia aumentará en ciertos puntos. ¿cómo determinar estos puntos? Se requiere otro elemento: un espectrómetro [18]; que ayudará a determinar estos puntos de interferencia; y puede cambiar de banda para lidiar con esta interferencia o ruido.

Es importante diferenciar entre una cámara térmica y una

radiométrica térmica. Se puede optar por el DJI Zenmuse XT o el DJI Zenmuse XTR. El XTR significa XT Radiometric. El XT-R está calibrado profesionalmente y permite tomar una lectura de temperatura de cada píxel en la pantalla. Esto da como resultado mediciones realmente precisas.

Conocer y tener en cuenta todas las normas y reglamentos.

Las restricciones de la línea de visión son un gran impedimento para usar drones para inspecciones de líneas eléctricas. Pero incluso con esa limitación, los drones ofrecen ventajas porque no evita que un trabajador suba a cada poste para mirar el equipo.

Antes de realizar inspecciones de líneas eléctricas, conocer todas las regulaciones relacionadas con el vuelo cercano a infraestructura crítica.

Conclusión

Hacer inspecciones de líneas eléctricas con drones es literalmente como caminar sobre un cable delgado. NO PUEDE realizarse sin tener conocimientos, práctica y equipos competentes. Los errores acarrean consecuencias muy graves para personas y equipos.

¿Considerás poseer las habilidades necesarias para asumir tales trabajos? ¿y el equipo necesario? Estas son algunas preguntas a contestar antes de aventurarse en este campo. ¿Cómo proveer a que se cuiden tus intereses si encarás este trabajo? Asegurate de leer y comprender la letra pequeña contractual.

Tener en cuenta toda la gama de riesgos y daños, y asegurar que el contrato los proteja, los contemple.

Los operadores de VANT que logran alcanzar los resultados deseados en este desafiante campo obtienen ganancias sustanciales netas. Hay un gran nicho de mercado, esperando ser explotado por operadores VANT calificados y merecedores.

CÓMO LA TECNOLOGÍA DE DRONES PUEDE AYUDAR A GARANTIZAR UNA MEJOR SEGURIDAD Y VIGILANCIA

En esta área hay algunas preguntas molestas que deben responderse primero. ¿Cómo proporcionar vigilancia continua si estás limitado por un tiempo de batería de 20-25 minutos? ¿Qué sucede con la privacidad de los ciudadanos durante una vigilancia? ¿cuáles son las leyes para drones en lo que respecta a seguridad y vigilancia?

¿Es posible la vigilancia continua con drones? Sí ... Veremos cómo....

El Inspire o el Phantom no tienen una duración de batería superior a 20-25 minutos. Si bien esto será suficiente para muchas aplicaciones, cuando se trata de vigilancia continua, necesita una mejor solución. Una posibilidad es conectar un dron a una fuente de energía a través de una correa. Vuelo cautivo se lo puede llamar a esto. La fuente de energía del dron atado también se puede montar en un vehículo en movimiento, si es necesario.

Dichos sistemas se denominan "Sistemas de vigilancia de persistencia".

Si bien los drones atados no requerirían habilidades de pilotaje expertas, existe la posibilidad de que el equipo se enrede con la correa y se estrelle. Para contrarrestar esto, los fabricantes de drones realizaron algunas soluciones innovadoras. Por ejemplo programar el dron para que suene una alarma si alguien intenta cortar la cuerda; como el VANT estaría en el aire por algún tiempo después de que se corta la correa, incluso podría capturar imágenes de los elementos agresores.

La vigilancia continua a través de drones también puede ayudar a prevenir el fraude en seguros; tener un registro permanente de una instalación que puede ayudar rechazar cualquier reclamo falso.

Además de la vigilancia continua, también se puede usar drones para crear mapas 3D de las propiedades de un cliente, permitiendo conocer todos los entresijos y todos los escondites; en caso de robo, estos mapas de drones 3D son extremadamente útiles.

¿Necesitas una certificación de la entidad aeronáutica del país para volar un dron atado?

Los pilotos de drones pueden preguntar si las reglas aeronáuticas se aplican a un dron atado. La respuesta es: sí.
Las normas aeronáuticas que regulan a los drones en el país aplican indubitablemente a un dron atado impulsado por motor.

¿Se pueden utilizar drones para la vigilancia sin violar la privacidad?

Este capítulo estaría incompleto sin una discusión sobre este tema. Los escépticos de la tecnología de drones han expresado sus preocupaciones sobre la privacidad. Claro, aclarar la definición de lo que se debe y no se debe hacer es realmente importante. Las personas que controlan la tecnología de drones necesitan asegurarse de que se ejerza la restricción adecuada. Al mismo tiempo, los detractores deben recordar que en esta era digital, nuestra información personal ya está comprometida. Los satélites nos han estado monitoreando por años. Y, solo necesitamos leer sobre el escándalo de datos de Cambridge Analytica para conocer lo fácil que es para Facebook y Google acceder a información personal.

Organizaciones como CISCO [19] ya están recopilando datos a través de la vigilancia con drones. En lugar de prohibir tales tecnologías, lo cual no es factible, lo lógico es proveer una legislación estricta para cada situación. La implementación adecuada de la tecnología de drones seguramente puede resultar en una mayor seguridad sin infringir la privacidad.

INTEGRACIÓN DE DRONES EN INVESTIGACIONES DE ACCIDENTES DE FERROCARRIL, CARRETERA Y AERONAVES.

Cualquier choque o descarrilamiento que ocurra debe investigarse a fondo y con precisión. Mediante el uso de drones, es posible llevar a cabo una investigación de accidentes más rápido, más barato y más eficaz.

Uso de drones para la investigación de accidentes de tráfico

El 95% de todas las muertes que se informan por accidentes, se atribuyeron a accidentes de tráfico [20]. Sin embargo, la reconstrucción por accidente no es factible en todos los casos. Por lo general, se investigan los accidentes automovilísticos graves y no aquellos que provocan bollos en guardabarros, o ruptura de paragolpes.

Al realizar una investigación de accidente, los reconstruccionistas intentan averiguar por qué y cómo se estrelló un automóvil. Usualmente contratados por un abogado, trabajan en estrecha colaboración con la policía. Algunos de los factores críticos que se consideran al reconstruir un accidente son la velocidad del automóvil, el peso del vehículo, el ángulo del choque y la cantidad de rotación. Pero, ¿es posible reconstruir una escena con tecnología de drones con precisión [21][22][23]? ¿Y los datos recopilados cuando se utiliza la tecnología de drones son precisos en comparación con los escáneres láser 3D?

La Real Policía Montada de Canadá, junto con Pix4D, organizó un proyecto experimental para medir la precisión y efectividad de la tecnología de drones. Este proyecto implicó la reproducción de un choque de dos autos.

La preparación previa al vuelo tomó 10 minutos y la adquisición de datos tomó alrededor de 20 minutos. El procesamiento de datos en Pix4Dmapper tomó dos horas.

Los informes finales incluyeron una nube de puntos, modelo de superficie digital y ortomosaico. También se utilizaron cintas y escáneres láser para adquirir datos.

Fue notable que los datos adquiridos utilizando la tecnología de drones coincidían exactamente con los datos obtenidos utilizando los medios tradicionales. Con ventajas como el bajo costo, la facilidad de configuración y la rápida adquisición de datos, la tecnología de drones se convertirá, sin duda, en la opción preferida en los próximos años.

<u>Mitigación de riesgos mediante el uso de drones para la investigación de accidentes ferroviarios</u>

En 2012, un tren que transportaba butadieno [24] y fluoruro de hidrógeno [25] descarriló en Louisville, Kentucky. La exposición a estos químicos puede dañar severamente varios órganos y sentidos, además de provocar cáncer si la exposición es crónica. El hecho de que estos dos productos químicos sean altamente inflamables agravó aún más el riesgo. Además, debido a que las vías del tren se encontraban en la cima de una lomada, los que debían responder a esta situación pudieron acceder y monitorear la situación desde un solo punto.

El dron, se utilizó para entrar y salir del área de emergencia y tomar imágenes que ayudaron a los investigadores a evaluar mejor la situación.

Debido a la posibilidad de una explosión a gran escala, el uso de un helicóptero estaba fuera de discusión. Doug Hamilton, director de la Agencia de Manejo de Emergencias de Louisville, manifestó que *"son muchísimas y excelentes fotos tomadas por el dron, que las que se obtendrían desde un helicóptero, que no puede permanecer tan estable".*

Mediante el uso de drones, es posible adquirir datos

rápidamente, retirarse rápido del lugar del accidente y luego realizar un análisis causal exhaustivo.

En este evento, el único problema con la implementación y la adquisición de datos fue que la conectividad de red deficiente hizo imposible la transmisión en vivo y el monitoreo de la situación en tiempo real.

¿Cómo se utilizan los drones en la investigación de accidentes de aviación?

Recordemos el incidente con Ameristar Air Cargo Inc. El 8 de marzo de 2017[26], un Boeing MD-83 sufrió un derrape en la pista después de un despegue rechazado.
Afortunadamente, nadie salió herido. La investigación determinó que un ascensor atascado fue la causa de este despegue fallido.

Pero, ¿qué pudo haber causado el atasco del elevador? Los vientos fuertes que excedieron los límites de diseño o los requisitos de certificación podrían ser una razón probable; sin embargo, el avión nunca estuvo sujeto a vientos tan fuertes durante el vuelo.

Los investigadores desconcertados de la NTSB [27] estudiaron el diseño del hangar de un cuarto de milla (400 metros) de largo que se utilizó para sostener el MD-83. Mediante el uso de la tecnología de drones, se creó un modelo 3D del hangar y se realizó un estudio computadorizado para simular cómo se comportaría el viento una vez que ingresara al hangar.

La investigación anterior es cuasi única porque se utilizó la tecnología de drones para preparar un informe de rendimiento de la aeronave. Por lo general, las entregas para una investigación de accidente aéreo incluirían tomas generales, tomas de pistas y cualquier cicatriz en el suelo.
Al usar drones los investigadores pueden mapear las pistas a una velocidad mucho mayor, causando menos perturbaciones en

el espacio aéreo. De hecho, ni siquiera fue necesario cerrar el espacio aéreo para realizar el mapeo, y este ensayo contribuyó angularmente a detectar las causales del incidente aéreo.

LAS MEJORES CÁMARAS DE IMAGEN TÉRMICA PARA DRONES

¿Estás planeando tomar trabajos de imágenes térmicas? ¿No está seguro de cuál es la mejor cámara térmica? ¿Necesitas alguna guía para construir un flujo constante de trabajo en el espacio de imagen térmica?

Revisión de Zenmuse XT y Zenmuse XTR

La DJI Zenmuse XT es una cámara térmica de alta gama desarrollada en colaboración con FLIR. Si se requieren mediciones de temperatura realmente precisas, la opción es la DJI Zenmuse XTR o el XT Radiometric. El XT-R está calibrado profesionalmente y permite tomar una lectura de temperatura de cada píxel en la pantalla. Esta cámara cuenta con una sensibilidad térmica de 50 mK[28]; significa que la diferencia de temperatura más pequeña que la cámara puede detectar es 0.050K.

El Zenmuse XT posee una resolución de 640x512 o 336x256; El XT-R es significativamente más caro que el XT. La versión de mayor resolución cuesta 14 mil dólares; mientras que el modelo 336, 30 Hz alrededor de 9 mil dólares.

Puede emparejar la Zenmuse XT con el Inspire.
O conectar la Zenmuse XT y la Zenmuse Z30 / X4S al Matrice. Una vez obtenidas imágenes de ambas cámaras, se pueden combinar los datos.

Elegir la lente de la cámara correcta es fundamental y depende de su aplicación. Las opciones de lentes van desde 6,8 mm a 19 mm [29]. Para realizar mapeo y modelado termográfico radiométrico, sugiero elegir el sensor de mayor tamaño. La lente de la cámara de 19 mm dará la opción con mayor acercamiento; mientras que, la lente de la cámara de 6,8 mm tiene el campo de visión más amplio.

CÓMO SELECCIONAR LA APLICACIÓN DE MAPEO ADECUADA PARA TU SERVICIO DE DRONES.

El mapeo y el modelado es un sector lucrativo para los pilotos de drones. Junto con buenas habilidades de mapeo, debés aprender a proporcionar un producto presentable e impecable.

¿Cómo se generan mapas útiles y procesables? Eso es posible, eligiendo el software de mapeo correcto.

¿Cuál es la aplicación de mapeo adecuada para tu negocio de drones?

Una amplia variedad de plataformas de datos está disponible hoy: Pix4D, PrecisionHawk, MapsMadeEasy, Metashape y DroneDeploy son algunas de las opciones populares. Pasemos por los pros y los contras de cada herramienta. En los párrafos siguientes te doy las conclusiones obtenidas por investigación y ensayo.

Revisión de Pix4D: capacidades y limitaciones

Pix4D es el estándar de oro de las aplicaciones de mapeo. Puede crear nubes de puntos, archivos de objetos, DSM, DTM y más con Pix4D. Incluso puedes subir tus proyectos Pix4D a la nube. Para la realización de misiones de sombreado cruzado con una inclinación de cardán, Pix4D produce excelentes resultados.

La captura de Pix4D tiene una gran limitación: su incapacidad para volar misiones más grandes. Como podés usar una batería, se tendrá que optar por un software alternativo para misiones más grandes como minería o NDVI [30].

Otro inconveniente es el mecanismo de entrega de cliente subóptimo. En Pix4D, debes tomar una ruta más larga y descargar un archivo OBJ a Sketchfab. O bien, descargar un archivo LAS a la nube de puntos para mostrarlo a los clientes

¿DroneDeploy es la aplicación de mapeo más adecuada? No siempre...

DroneDeploy es una herramienta basada en la nube que tiene buenos usos. *DroneDeploy* utiliza el motor en la nube, es una gran opción para hacer NDVI o mediciones volumétricas. A diferencia de Pix4D, *DroneDeploy* tiene un excelente mecanismo de entrega al cliente.

Una limitación del uso de esta herramienta es que no puede procesar más de 2500 imágenes. Por lo tanto, esta aplicación no es adecuada para proyectos de modelado más grandes. La calidad del mapa / modelo será inferior si se confía únicamente en *DroneDeploy*.

Alternativas Pix4D y DroneDeploy

Metashape de Agisoft es una gran alternativa a Pix4D. Tiene una opción de nivel de entrada barata y es, con mucho, la mayor competencia para Pix4D. Pemite realizar fotogrametría básica con esta aplicación; crear una nube de puntos y modelos 3D. Metashape es una gran herramienta para sumergirse en la comprensión de cómo funciona la adquisición de imágenes.

Aplicación de mapeo de escritorio versus nube

Aquí, me inclino a favor del software de escritorio. El software basado en la nube como DroneDeploy tiene sus usos. Pero el software basado en escritorio es la solución ideal para procesar datos voluminosos.

Una ventaja de usar software basado en escritorio como Pix4D es la capacidad de hacer movimientos de cámara. La suavidad del movimiento de la cámara depende de la potencia de tu computadora. Esto no es posible en las herramientas basadas en la nube.

Comparación de costos de las aplicaciones de mapeo.

La mayoría de las aplicaciones de mapeo ofrecen un

paquete mensual. Evaluar la ventaja de un descuento optando también por el paquete anual.

La mayoría del software también ofrece pruebas gratuitas. Por ejemplo, Pix4D ofrece una prueba gratuita de 2 semanas, mientras que Metashape ofrece 4 semanas gratis.

Evaluar cuidadosamente los pros y los contras para determinar si una aplicación de mapeo es la adecuada para tu negocio, tiene que ver con probar diferentes estilos de adquisición: vertical, oblicuo, nadir y ejecutarlos a través del software. Esta es un modo concienzudo de determinar la capacidad del software y, por tanto, la idoneidad.
Aprovechar las pruebas gratuitas que ofrecen varios proveedores, es una excelente manera de familiarizarse con la aplicación.
Una aplicación basada en escritorio tiene mayores capacidades en comparación con una aplicación basada en la nube.
Se requiere una computadora dedicada para modelar y mapear. La ejecución de una aplicación de mapeo pone a trabajar fuertemente el procesador de tu computadora. Si tenés una computadora poderosa, podés hacer mucho más en la fase de prueba

5 MEJORES PRÁCTICAS PARA TRATAR CON PILOTOS SIN LICENCIA

Nada le da a la comunidad de VANT un mal nombre más rápido que los pilotos que violan todas las leyes de las entidades aeronáuticas imaginables y son una molestia pública en el proceso de posicionamiento de la profesión. Lo que es peor es que los pilotos remotos que poseen los certificados adecuados terminan siendo castigados por la incapacidad de las entidades reguladoras de hacer cumplir las leyes que rigen el espacio aéreo.

Perder negocios contra un piloto de drones sin licencia es frustrante, y sucede con frecuencia.

Existen al menos cinco tópicos para mitigar la frustración que acompaña a esta situación:

1. Educar al que está fuera de la ley.

Con una barrera de entrada tan baja para elevar un nuevo y brillante dron en el aire, hay literalmente miles de pilotos aficionados en todo el país y muchos más en el mundo que no conocen las reglas. Un piloto experto y defensor de la seguridad, no desaprovecha la oportunidad de educar a un nuevo piloto y prevenir un accidente, difundir las reglamentaciones porque el mayor nivel de conocimiento genera conciencia y responsabilidad individual y social.

2. Difundir la normativa en la comunidad.

Cada situación con un piloto sin licencia que consigue trabajo significa que un cliente, una productora, una organización tienen poco conocimiento de las consecuencias de operar un dron ilegalmente; o las están minimizando. Con tacto y cortesía, no hay que cejar en la declamación de los riesgos al contratar a un piloto que no tiene autorización para volar comercialmente.

3. Documentar todo

Cuando se observa una acción ilegal o insegura, se documentará filmando la actividad no autorizada, asegurando de conectar la aeronave al operador haciendo una panorámica al piloto y la aeronave en un disparo continuo.
Anotar la fecha y la hora, y la locación exacta.

Al alertar a las autoridades, será importante contar con pruebas contundentes sobre cualquier actividad que pueda considerarse ilegal. Sin embargo, lo más importante es velar siempre por tu propia seguridad, y por los bienes materiales e inmateriales de tu comunidad.

4. Notificar a la oficina local de la entidad aeronáutica.

Si se toma conocimiento de actividades ilegales de VANT, informar es un deber, asegurando transmitir toda la información pertinente.

En 2017, una comisión legislativa trabaja para incorporar los temas del siglo XXI al Código Penal, estos temas que irrumpen en la sociedad y reclaman una actualizaciones de las descripciones y sanciones son: narcotráfico, corrupción, responsabilidad de las personas jurídicas, los delitos viales, los delitos contra el ambiente, genéticos, terrorismo y los delitos informáticos.

El vuelo sin permisos, sin seguros, sin conocimiento pleno de las normativas y bienes que deben ser preservados mientras se opera un VANT, sin dudas toca varios de los ítems que ocupan a los legisladores como reflejo de las demandas de la sociedad, que pretende respeto y tranquilidad.

Disuadir a los que vuelan sin permisos, sin cabal conocimiento de lo técnico y jurídico, es una acción tendiente a preservar bienes susceptibles de ser dañados, claramente descriptos en "Reparación de perjuicios" del Código Penal de la República Argentina; así como en los capítulos de "Lesiones", "Daños",

"Delitos contra la seguridad de los medios de transporte y de comunicación".

5. Notificar a la policía local

Si la seguridad pública está en riesgo, es deber ciudadano notificar a la policía local. En ese punto, es importante ser un buen testigo con la hora, las fechas, la actividad ilegal o insegura específica.

También es de destacar que los oficiales probablemente no estén tan al corriente sobre las regulaciones de aviones no tripulados del país, por eso quien es experto en la materia debe abogar por la comunidad.

CÓMO HACER UN IMPRESIONANTE DEMO-REEL DE DEMOSTRACIÓN DE DRONES

Editar un gran demo-reel [31] de demostración de drones: cómo comenzar

Un demo-reel bien editado puede ayudarte a orientar tu desarrollo laboral en la dirección correcta. Un buen demo-reel de demostración ayudará al cliente a visualizar lo que obtendrá una vez que te contrate. Muchos demos de mostración terminan pareciendo iguales; entonces enfócate en cómo podés ser diferente y destacar entre la multitud. Para esto, es necesario investigar la industria y las necesidades del cliente antes de comenzar a trabajar en un demo-reel. Echar un vistazo a los diversos videos de demostración en *YouTube* es una buena manera de comenzar su investigación.

¿Hay lugares interesantes que puedas fotografiar? ¿Qué tal algunos consejos y trucos de edición para mejorar el atractivo de tu metraje de drones? ¿Deberías tener un demo-reel más largo? ¿O múltiples videos de demostración clasificados por área de interés? Hacerte estas preguntas ayudará a generar un impresionante demo-reel que se destaque.

Consejo profesional: una hora después del amanecer o una hora antes del atardecer son los mejores momentos para grabar imágenes para un demo-reel.

Cómo obtener imágenes para su demo-reel de demostración del servicio de drones

Los novatos, que recién se están empapando en la industria de los drones, no tendrán una cartera grande y variada, factores necesarios para editar un impresionante demo-reel de demostración. ¿Qué podrías hacer en este caso?
Encontrar entre tus contactos una propiedad inmobiliaria particularmente impresionante que está en el mercado, y necesita

más exposición o un concesionario de automóviles de alta gama que busca mejorar sus esfuerzos de mercadotecnia: podrías acercarte y ofrecer servicios de drones gratuitos a cambio de los derechos para usar el metraje de drones en tu demo-reel. Aquí también vas a estar entrenando tus cualidades de negociación.

Escuchá el podcast de **Señor Hornero**: _Hornero Podcast_ para aprender cómo puede pulir habilidades de negociación. Gradualmente, a medida que tengas la oportunidad de hacer tomas cada vez más frescas, podrás hacer un demo-reel nuevo, diferente y mejor.

¿Puede un cliente evitar que uses sus imágenes en tu demo- reel?

A menos que firmes la cesión de los derechos del metraje de dron, los derechos de fotografía comercial establecen que el operador posee los derechos de metraje de dron. Sin embargo, si fueras un empleado que trabaja para una empresa, esta organización posee los derechos del metraje del dron.

A menudo, incluso si no se ha firmado por los derechos de metraje, el cliente puede solicitar que te abstengas de usar el metraje en un demo-reel. No tener en cuenta, no otorgar esta petición, va a poner en peligro tu relación con el cliente.

¿Qué hacer en este caso? Bueno, siempre puedes publicar un video privado en Vimeo para mostrar tu trabajo. Debido a que estás compartiendo tu trabajo de forma privada con clientes potenciales, no estarías rompiendo con el pedido de quien te encargó el trabajo. Por supuesto, si deseas publicar el demo-reel en tu sitio web y YouTube con fines de SEO [32], realmente no sería afortunado usar esas imágenes.

Consejo profesional: cuando te envíen o envíes un contrato laboral, en "Términos y condiciones", incluir los derechos de fotografía comercial. Por lo tanto, si un cliente acepta el contrato, al aceptar los términos y condiciones, estarás en pleno derecho de usar el material _ex post_.

¿Cuánto tiene que durar el demo-reel?

Cuando estás comenzando, un pequeño demo-reel de que se ejecuta durante 2 a 4 minutos podría ser suficiente. Los pilotos avanzados de drones que ofrecen una gama de servicios diferentes pueden considerar tener diferentes videos de demostración clasificados por área, metiér, u otro criterio de clasificación. Sin embargo, si vas a un evento de networking [33], deberías considerar un demo-reel de diez minutos que cubra todo tu trabajo.

Consejos y trucos de edición para editar un buen demo-reel

La edición es crítica para editar un impresionante demo-reel. Una buena edición es lo que hace la diferencia entre lo ordinario y lo extraordinario. Para destacar entre la multitud, incluso considerá que un animador diseñe una introducción personalizada.

Si tienes habilidades en edición, cosechadas en cursos y en la práctica, podes realizar tu propia edición; sino te sentís tan seguro en esta arista, contratar un buen editor / animador, asegurándote de tener claro lo que querés mostrar y cómo, para transmitirle tus necesidades al editor.

Todo que los pilotos de drones necesitan saber sobre trabajar en películas y publicidad

Películas y publicidad constituyen un negocio intensamente competitivo. Las productoras buscan constantemente nuevas formas de mejorar su cinematografía y sorprender al público. Y todo esto sin sobrepasar los presupuestos.

La tecnología de drones satisface estos criterios esenciales: esta tecnología de vanguardia y en constante mejora también ofrece enormes beneficios económicos.

Y es por eso que no sorprende que la industria cinematográfica, como muchas otras, haya reconocido rápidamente los beneficios del uso de drones. ¿Viste la espectacular secuencia de apertura de la película de Bond, Skyfall [34]? Esta película de Daniel Craig y Javier Bardem fue la primera en usar drones. Y luego, la tendencia rápidamente se hizo popular: Wolf of Wall Street, Expendables, Captain America: Civil War ... Algunas de las películas más grandes han usado drones para obtener tomas que cautivan y sorprenden al público.

<u>Primeros pasos: consejos y trucos para los pilotos de drones que se aventuran en la industria del cine</u>

Aclaro una cosa: para tener éxito en el negocio del cine, es requisito ser realmente diestro; y mostrarlo de manera convincente. Crear un sitio web atractivo, que exponga algunas de tus mejores fotos y videos es un buen comienzo. Los exploradores de ubicaciones prefieren sitios web simples que pueden navegar con relativa facilidad.

Editar un gran demo-reel que visibilice tus vuelos más hábiles; grabar sujetos dinámicos en lugar de sujetos estáticos, ya que requiere un conjunto de habilidades mayores.

Es factible comenzar con compañías de producción independientes que graben videos corporativos o, tal vez, trabajen en televisión. Luego podrás subir gradualmente la cadena. Recordá: lleva mucho tiempo hacer su nombre y, finalmente, pasar a trabajos prestigiosos que se remuneren adecuadamente. La persistencia es la clave. También realizar consistentes esfuerzos de ventas y marketing: envío de correos electrónicos, la creación de redes y la presencia en las redes sociales son tópicos insalvables, que redundarán en un trabajo regular y remunerado durante todo el año.

También podrás contribuír a generar tu marca registrada, inscribiéndote en festivales de cine más importantes;

competencias de cortos. Participar, te ayuda a contactarte con las productoras, y reunir horas de vuelo, además de ensayar todo lo que acopiaste en teoría.

<u>Consejo profesional</u>: es extremadamente importante mantener buenas relaciones con la oficina local de permisos.

<u>¿Cuáles son las ventajas de trabajar en la industria del cine?</u>

Si tu objetivo no es solo sobrevivir, sino ganar lo suficiente para llevar una vida plena con esta profesión, entonces debes apuntar a trabajos de alto beneficio y satisfacción emocional.

En la industria del cine, siempre existirán requerimientos de imágenes aéreas, entonces vos podés ganar y la producción puede ganar. En primer lugar, un dron es capaz de volar mucho más cerca del suelo en comparación con un helicóptero. Un helicóptero crea demasiado lavado del rotor y, por lo tanto, se debe mantener una distancia mayor.

Debido a esto, se pueden obtener fotos íntimas y mucho mejores con un dron.

Además de la calidad de video, es mucho más barato grabar con un dron.

Sin embargo, no todo es rosado. ¿Hay alguna desventaja que los pilotos de drones deban tener en cuenta?

Lamentablemente, a pesar de ser financieramente lucrativa, la industria del cine tiene una cultura de trabajo que muchos pueden encontrar difícil de digerir.

Una cultura altamente nepotista está profundamente arraigada en el ADN de la industria del cine. Por lo tanto, entrar en esta industria requerirá una cantidad considerable de redes, un carácter templado, paciente y férreo.

Es posible que también tengas que mudarte lejos de la familia, si realmente quiere trabajar en películas.

CÓMO REGISTRAR Y REALIZAR UN SEGUIMIENTO DE TUS VUELOS CON DRONES

¿Cuáles son las ventajas de registrar sus datos de vuelo?

Además de la seguridad del espacio aéreo, registrar los datos de vuelo también tiene otros usos.

A saber:

- Seguro de Responsabilidad más barato: Ser un piloto con accionar seguro, con excelentes procesos y sistemas, con datos de vuelo para respaldarlo, será recompensado por los esfuerzos.
- Mejor comercialización: a medida que las licencias emitidas por las entidades aeronáuticas se dispara, la competencia en la industria de drones se ha intensificado enormemente. Esto es particularmente cierto para sectores de nivel de entrada como bienes raíces y sesiones de bodas. Entonces, una forma de destacar es resaltando las horas de vuelo. Esto se consigue manteniendo un registro electrónico.
- Mantenimiento: a medida que comiences a conseguir más y más clientes, tendrás una agenda más ocupada, que implica volar durante todo el año. Probablemente terminarás teniendo múltiples sistemas de drones.

¿Recordarás con precisión cuándo necesitas cambiar tus accesorios? ¿O cuando necesitas pedir baterías nuevas? Probablemente no. En este escenario, es mejor utilizar un registro electrónico para realizar un seguimiento de los imperativos de mantenimiento.

¿Mantener un registro electrónico o un registro en papel para el seguimiento de vuelos?

Esta es otra pregunta que los pilotos de drones a menudo se

plantean. Muchas personas citan la seguridad de los datos, el intercambio de datos y la facilidad de uso como razones para mantener registros en papel. Analicemos cada una de estas razones para ver si hay algún mérito para ellos.

Los registros electrónicos son software basado en la nube.
El intercambio de datos es mucho más fácil cuando se usa un registro electrónico en vez de registro en papel. Se pueden imprimir los datos cuando sean pedidos. La facilidad de uso es otra gran ventaja de usar registros electrónicos. Los datos de su vuelo se cargan automáticamente y hay información procesable disponible para ver en un formato sencillo de entender.

¿Cuáles son las ventajas de usar un software y no papel para rastrear mis datos de vuelo?

Todos los datos de vuelo ya están almacenados en tu dron DJI. Algunos datos a los que se puede acceder con este método:

- Análisis de batería
- Mapas de sensores
- Panel de control de vuelo
- Informes de cálculo de viento

Estos datos pueden resultar invaluables, especialmente cuando se vuela en condiciones de alto riesgo.

Un análisis detallado de la batería resaltará parámetros como el tiempo de vuelo más largo, la temperatura más alta de la batería y la vida útil potencial de la batería. Por ejemplo si se ha cambiado a accesorios de fibra de carbono, se puede obtener una visión detallada de cuánto tiempo de vuelo está sacrificando por una mayor velocidad.

SOLUCIONES DE FLUJO DE TRABAJO DE PROCESOS Y ALMACENAMIENTO DE ARCHIVOS PARA PILOTOS DE DRONES A FIN DE EVITAR LA PÉRDIDA DE DATOS

A menudo, los pilotos de drones interrogan sobre el flujo de trabajo del proceso y el almacenamiento de archivos. Este es un aspecto del negocio de drones que frecuentemente se ignora. La consecuencia, es la pérdida de horas y, en el peor de los casos, la pérdida de datos.

En este capítulo sugiero dos enfoques para el almacenamiento de archivos: un enfoque inestable para aquellos con un presupuesto ajustado y un enfoque de última generación.

Enfoque N° 1: el enfoque descuidado

Si sos principiante y con bajo presupuesto, esta es una gran solución.

Para empezar, podés considerar tener discos duros separados para proyectos separados. O tal vez un disco duro separado para cada trimestre. Hacerlo te permitirá almacenar cronológicamente y buscarlas fácilmente cuando lo necesites.

Si posees datos para múltiples proyectos almacenados en una sola unidad, tener carpetas separadas para proyectos diferentes te ayudará a mantener datos bien organizados.

Dentro de la carpeta, disponer diferentes subcarpetas, bien rotuladas. Por ejemplo, puede segregar el metraje filmado por diferentes cámaras en diferentes carpetas; u organizar el metraje según las actividades: A roll, B roll, entrevistas, etc.

Una vez que hayas organizado el vuelco de datos en la unidad, tendrás que revisar TODO tu metraje. Y asignar etiquetas. Etiquetas con colores como códigos para fácil acceso, cuando quieras buscar lo que más probablemente utilices en un video de presentación final, una semaforización que se adapte a esta naciente y creciente biblioteca.

Una vez hecho esto, podés cargar contenido en Dropbox.

Asegurar que los permisos para compartir estén configurados correctamente cuando compartas archivos con tu editor, u otros. El editor realizará los cambios y cargará la versión final editada en Dropbox.

Enfoque N ° 2: el enfoque más avanzado para el almacenamiento de archivos

El primer enfoque es un enfoque alternativo. Y debido a que se está escatimando en la inversión inicial, hay algunas limitaciones serias con las que tendrás que lidiar. Por ejemplo, incluso si realizás una copia de seguridad de tus tarjetas SD [35] en disco duro, éste puede fallar y perderse los datos.

Un enfoque más seguro, aunque más costoso, implica el uso de unidades como las de Synology y Drobo para hacer una copia de seguridad de datos. Si bien las unidades Synology son adecuadas para las necesidades de red, DROBO [36] es ideal para archivar. Especialmente, si estás haciendo mucho trabajo; es recomendable hacer esta inversión.

Una unidad Drobo es una unidad Raid [37]. Una unidad Raid se puede vincular a una computadora para que el metraje sea accesible de inmediato, y permite editar localmente sin ningún retraso. Cuando se utiliza una unidad RAID, todos los datos tienen una doble copia de seguridad.

Conectar DROBO a la computadora.

Si utilizas una máquina con Windows y USB 2.0, la transferencia de datos llevará mucho tiempo. Por eso es importante tener USB 3.0 o Thunderbolt cuando se recurre a DROBO. La transferencia de datos con USB 3.0 es diez veces más rápida en comparación con USB 2.0.

Para las necesidades de red, recomiendo Synology. Las velocidades de carga para Synology son extremadamente rápidas a 1000 Mbps.

Finalmente, el sentido común dicta también hacer una copia de seguridad de datos en una ubicación física separada. Y no sobrecargar la computadora con datos o simplemente se bloqueará.

ALMACENAMIENTO DE DATOS DE DRONES | PC, DISCOS DUROS, TARJETAS GRÁFICAS Y MÁS ...

¿Dónde lo guardo todo? - Configuraciones de edición y almacenamiento de datos de drones para pilotos profesionales de drones

Discos duros para almacenamiento de datos de drones

A medida que avances en tu servicio de drones, querrás equiparte con equipos profesionales. Te beneficiará tener una computadora de primer nivel para editar. También es extremadamente importante un almacenamiento de datos de drones seguro para videos. Este camino profesional, es costoso, y querrás ahorrar la mayor cantidad de dinero posible en el camino (especialmente si tu presupuesto es ajustado). Aquí hay algunas recomendaciones para ahorrar dinero en equipos informáticos al iniciarte.

Evaluar las necesidades de tu negocio

Deberás decidir, desde el principio, si te beneficiaría más de una configuración de computadora móvil o de escritorio.
Debido a que los pilotos de drones profesionales a menudo trabajan desde la calle, los caminos, viajando para conciertos regularmente, a muchos de nosotros nos resulta mejor trabajar en una computadora portátil. Otras personas planean regresar al mismo escritorio todas las semanas y preferirían tener una configuración de escritorio para editar sus imágenes. Te ayudará a tomar decisiones que visualices tu proyecto, deseos y caracteres personales, antes de invertir en equipos y gastar dinero.

Actualiza RAM

Ya sea que trabaje desde una computadora móvil o estacionaria, el disco duro nunca tendrá suficiente memoria. Comprar una computadora restaurada y cargarla con RAM será una forma menos costosa de mejorar la velocidad de procesamiento. Lo último que querrás hacer es sentarte esperando a que se cargue el material mientras editas. La actualización de la RAM ayudará a optimizar el rendimiento de la computadora y mantener el negocio funcionando sin problemas.

Las tarjetas gráficas son clave

Cuando estés haciendo videos con drones profesionalmente, querrás asegurarte de que el metraje se vea bien donde sea que termine. El problema con el video, después de todo, es que no siempre se ve igual en todos los monitores. Si la visualización de colores es pobre en tu computadora, corres el riesgo de hacer videos que se vean bien en tu monitor pero que no se traduzcan adecuadamente en los monitores de los clientes. Para reducir el riesgo, recomiendo configurarse con una tarjeta gráfica sólida y asegurarse de que los colores estén calibrados correctamente.

Respalda tus respaldos

Esto debería ser obvio, pero el componente más importante de tu servicio, (aparte de los drones) es el sistema de almacenamiento. Tu carrera como piloto profesional de drones depende de tener un portafolios de fotografía y videos aéreos disponible en todo momento.

Una idea errónea es que siempre se necesita una unidad de estado sólido en una configuración RAID para asegurarse de que el metraje de dron se archiva de la mejor manera posible; sin embargo, hay opciones: los NAS [38], ofrecen un sistema que permite almacenar múltiples discos duros en un solo lugar (esencialmente como una computadora en red). Proporciona muchos TB de espacio por poco dinero. Si bien eso se puede llegar a sentir como una inversión considerable para muchos de nosotros, esto es exponencialmente más bajo de lo que pagaría por comprar la misma cantidad de espacio en el disco duro de estado sólido.

¿LAS TARJETAS SD SE PUEDEN CORROMPER? ¿CÓMO EVITO ESTO?

¿Qué causa que una tarjeta Micro SD se corrompa? ¿Cómo evito esto?

Cuando tuviste un gran día volando al aire libre; llegas a casa, y todos emocionados por ver tus imágenes, sacas tu tarjeta SD, solo para descubrir que has perdido todos tus datos. Lo que pudo haber sido un día fantástico terminó siendo terrible....

Una cierta cantidad de prudencia y planificación previa puede garantizar que todo no termine con una tarjeta micro SD corrupta. En este capítulo, brindo algunos consejos prácticos que ayudarán a evitar este problema.

Elegir una tarjeta Micro SD con la velocidad correcta

Es realmente importante elegir la tarjeta SD correcta. En pocas palabras, una tarjeta que tenga una velocidad de escritura y lectura lo suficientemente rápido como para editar de forma fluida y sin problemas de transferencia de datos. Mi recomendación es utilizar una tarjeta SD con una velocidad de escritura mínima de 90 Mbps. Ahora, una palabra de precaución aquí; no confundir MegaBytes (MB) con MegaBits (Mb).

porque 1 MB = 8 Mb

Entonces, si redondeamos la velocidad de escritura a 100Mbps, esto se traduce en aproximadamente 12.5 MB/s. Ahora, la linea Phantom puede disparar 4K a 60 fps a un máximo de 100Mbps.

Para tarjeta SD, elegir una que esté marcada como "UHS" o "Ultra High Speed". Las tarjetas UHS vienen en dos generaciones: UHS-I y UHS-III. Además, las tarjetas UHS se pueden clasificar en 4: 2, 4, 8 y 10. La velocidad mínima de escritura de una tarjeta UHS-I (Clase 10) es de 10MB/s.
Mientras que la velocidad mínima de escritura de una tarjeta

UHS-3, V30 es de 30 MB/s.

Recientemente, la asociación SD lanzó su nueva y más rápida clase de velocidad: *Video Speed Class*. Verás un "V30" o un "V10" en negrita impreso en la tarjeta UHS. También hay disponibles clases de mayor velocidad de V60 (Velocidad de escritura mínima: 60 MB / s) y V90 (Velocidad de escritura mínima: 90 MB / s). Pero estos elementos son un poco excesivos para nuestras aplicaciones.

¿Cuál es el tamaño correcto para su tarjeta Micro SD?

Estaba revisando varios foros en línea y descubrí que los pilotos de drones están usando tarjetas que van desde 16 GB a 256 GB. DJI recomienda tarjetas de 64 GB para sus drones. Las tarjetas de más de 128 GB no son compatibles y tienen una alta probabilidad de corrupción. Una tarjeta de 16 GB es demasiado pequeña si estás grabando en 4K a 60 fps. No recomiendo usar una tarjeta de 256 GB por la sencilla razón de que si la tarjeta se daña, podrías perder todos tus datos. Recordatorio: para usar una tarjeta UHS-1, es necesario un dispositivo compatible con UHS

¿Se pueden recuperar los datos en caso de que la tarjeta Micro SD esté dañada?

¿Qué haces si tu tarjeta SD se daña a pesar de tomar todas las precauciones necesarias? Bueno, si la tarjeta sigue funcionando, hay muchas posibilidades de que puedas recuperar información.

En caso de que la tarjeta SD no funcione, deberás enviarla a una empresa de recuperación de datos.

EPÍLOGO

Queridos lectores, la idea de este libro, es brindarles firmes herramientas técnicas, y también una perspectiva desde la conciencia social y comunitaria en lo que respecta a conocer y cumplir las leyes, especialmente las aeronáuticas.
No podría cerrar este manual, sin expresar que la seguridad es la prioridad; no importa qué tan relevante o artístico sea realizar una toma aérea o que tan exigente sea un cliente, lo primero es la seguridad, y a la par posiciono estar con todos los documentos pertinentes para una operación aérea 100% legal.
El mundo del siglo XXI cambia constantemente, es una frase con la que estamos familiarizados e incluso aburridos de escuchar; este manual trata de contemplar esos cambios venideros, y por eso se optó por ejemplos y conceptos genéricos, que sean útiles por muchos años luego de haber leído por primera vez este libro.
Mi búsqueda personal y corporativa con **Señor Hornero** es generar espacios de reflexión, debate y concientización, para que dejemos de ser oídos sordos o de mirar para otro lado cuando se trata de volar, de trabajar fuera del marco legal vigente.

Es usual ver pilotos de drones sin los permisos necesarios, y dentro de éstos, hay un subgrupo que opera con intenciones de espionaje y/o acoso; esto es perjudicial para una sociedad y para el trabajo legítimo; por estas situaciones me sentí motivado a escribir este manual, una suerte de base que espero perdure varios años, que contribuya al conocimiento público, y a ganar espacios de difusión y discusión, pero también generar limites a aquellos que quieran romper las reglas. Ya que *"los vivos"* que funcionan sin documentación, lo que generan es la propuesta de una nueva forma de inseguridad. Es hora de que los pilotos seamos responsables con nuestros equipos y nuestros trabajos, así como también los ciudadanos puedan saber identificar una persona que esta trabajando y una persona que esta deliberadamente quebrantando la ley para beneficio personal.

Intento en esta comunicación, así como en mi vida actuar con solidaridad y respeto, porque entiendo que solidaridad es un valor humano que puede ser interpretado como obligación o derecho, actuar contra la vulneración de derechos es un acto que nos beneficia a todos, porque incluso aquellos intereses que hoy nos impresionan ajenos, en este mundo global, tendrán efecto sobre nosotros en algún momento.

REFERENCIAS

(1) Dato o información fehaciente que sirve para conocer o valorar las características y la intensidad de un hecho o para determinar su evolución futura.
(2) Inteligencia emocional y organizaciones, Díaz 1998.
(3) Práctica regular
(4) Cuando los hábitos se internalizan, no se necesita reflexionar para repetirlos adecuadamente.
(5) Vehículo aéreo no tripulado
(6) Administración de aviación civil (ARGENTINA)
(7) Definition, epidemiology, and etiology of obesity in children and adolescents; klish W; 2019
(8) Sugar addiction: is it real? A narrative review; Di Nicolantonio J; British Sport Medicine 2017.-
(9) Maintenance and replacement fluid therapy in adults; Sterms R, 2019
(10) El punto de rocío: la más alta temperatura a la que empieza a condensarse el vapor de agua contenido en el aire, produciendo rocío, neblina, cualquier tipo de nube o, en caso de que la temperatura sea lo suficientemente baja, escarcha.
(11) LIPo; LIP o LiPoli: es la denominación de las baterías de polímero de Litio, que se caracterizan por ser livianas y almacenar gran carga de energía.
(12) Cardán es un componente mecánico el cual permite unir dos ejes no Co-lineales para generar el movimiento de rotación de un eje a otro.
(13) Estrés (del griego σφίξτε y el latin *stringere*, que significa "provocar tensión") de un material: alude a que la presión externa aplicada sobre algún material u objeto y la tensión o distorsión consecuente. Si la tensión sobre el material no excede de sus limites de elasticidad, entonces el material quedará inalterado; pero si se trabaja fuera de esos límites, el material se romperá.
(14) LEED: Leadership in Energy and Environmental Design
(15) ROI: return on investment
(16) BVLOS: Beyond Visual Line of Sight
(17) Jaula de Faraday: caja metálica que protege de los campos eléctricos estáticos. Debe su nombre al físico Michael Faraday, que construyó una en 1836. Se emplean para proteger de descargas eléctricas, ya que en su interior el campo eléctrico es nulo.
(18) Espectrómetro: mide el estado de la polarización electromagnética.
(19) Empresa global con sede en San José, California, Estados Unidos, principalmente dedicada a la fabricación, venta, mantenimiento y consultoría de equipos de telecomunicaciones.
(20) Muertes en Argentina por accidentes de tránsito en 2019: 6627; promedio diario: 19. (Fuente: ONG Luchemos por la vida)

(21) Reconstrucción de escenas de accidentes de tránsito: store.dji.com/es/guides/2019/05/20/reconstruyendo-escenas-de-accidentes-con-drones/
(22) https://www.revistaautocrash.com/drones-innovan-la-reconstruccion-accidentes-transito/
(23) Mapeado forense de escenas y crímenes de tránsito; Lic Gustavo Enciso UNN, Lic Copetti, docente de CEIRAT.
(24) Hidrocarburo alqueno, como gas con olor similar a nafta. Cancerígeno Grupo 1 para IARC (carcinógeno para el hombre)
(25) Gas de olor irritante, produce quemaduras en la piel, irritación ocular y en las vías respiratorias. En exposición crónica la IARC (international agency for research on cancer) lo clasifica en grupo 3: no clasificado aún.
(26) http://avherald.com/h?article=4a5ecf6a
(27) Siglas en inglés para Junta Nacional de Seguridad en el Transporte.
(28) Milikelvin, unidad de temperatura. 1ºC = 274,15ºK. Milikelvin, es la milésima parte del Kelvin.
(29) mm de las lentes de las cámaras: indican la distancia focal, la distancia entre el centro óptico de la lente (enfocada al infinito) hasta el sensor de la cámara (en el caso de una cámara digital) o la película (en una cámara análoga). La distancia focal determina el ángulo de visión: a mayor distancia focal, el ángulo de visión será menor y los objetos se verán más grandes.
(30) Índice de vegetación de diferencia normalizada.
(31) Currículo, portafolio o presentación en video realizado con la finalidad de promocionar tu trabajo, proyectos o servicios.
(32) Conjunto de acciones orientadas a mejorar el posicionamiento de un sitio web en la lista de resultados de Google, Bing, u otros buscadores de internet.
(33) Anglicismo empleado en el mundo de los negocios para hacer referencia a una actividad socioeconómica en la que profesionales y emprendedores se reúnen para formar relaciones empresariales, crear y desarrollar oportunidades de negocio, compartir información y buscar clientes potenciales.
(34) 007-Operación Skyfall – película 2012
(35) Secure Digital: **tarjeta de memoria para dispositivos portátiles.**
(36) Drobo es un fabricante de una serie de dispositivos de almacenamiento externo para computadoras. Están hechos de diferentes tipos, incluidos dispositivos DAS, SAN y NAS.
(37) Redundant Array of Independent disks: grupo/matriz redundante de discos independientes, hace referencia a un sistema de almacenamiento de datos que utiliza múltiples unidades (discos duros o SSD), entre las cuales se distribuyen o replican los datos.
(38) Network Attached Storage.

www.ingramcontent.com/pod-product-compliance
Lightning Source LLC
Chambersburg PA
CBHW070255220526
45465CB00004B/1633